물고기의 여러 가지 체형

뱀장어
장어형 : 가늘고 긴 모양

미꾸라지
리본형 : 리본(Ribbon)모양

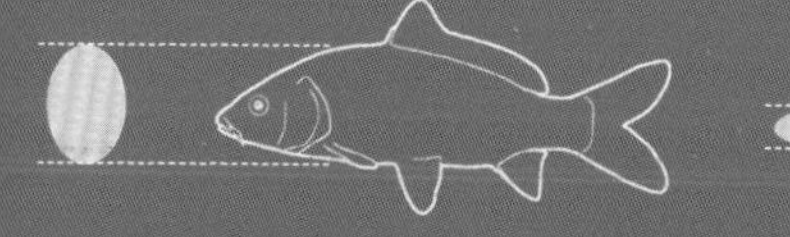

잉어
방추형 : 유선 모양

강주걱양태
종편형 : 위아래로 납작한 모양

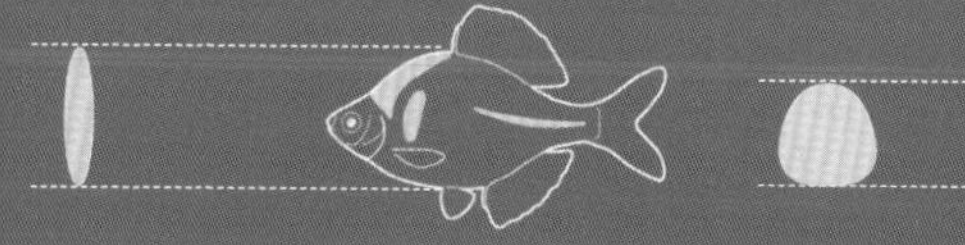

흰줄납줄개
측편형 : 좌우로 납작한 모양

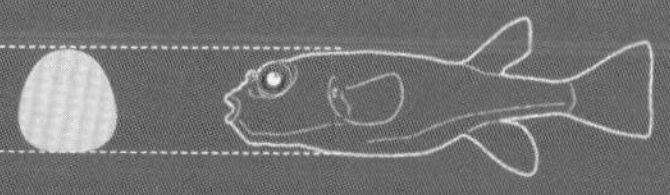

복섬
구형 : 원통 모양

초보자가 꼭 알아야 할

손바닥 민물고기 도감

글 · 사진 노세윤

이비락 樂

참갈겨니와 돌고기

머리말

추운 겨울을 이겨내자마자 몸을 추스려 번식을 준비하는 생명체가 있습니다. 새끼들이 우기 때 불어난 물살에 휩쓸리지 않고 피신할 만큼 헤엄칠 능력을 갖게 하려는 겁니다. 그런데 이 와중에도 어떤 부류의 수컷은 화려하게 제 몸을 단장해 암컷을 유혹하고 암컷은 멋진 상대를 고르는 호사를 부립니다. 또 어떤 부류의 암컷은 몸 안의 물질을 내보내 반대로 수컷을 유혹하기도 합니다. 수 만 년 전부터 이어지는 생명의 주기에 맞춰 바쁘게 봄을 맞이하는 물고기들의 이야기입니다.

《손바닥 민물고기 도감》은 필자가 물고기 세상의 이야기가 궁금하여 지난 20여 년 간 전국을 누비면서 만났던 남한의 민물고기 중 130종의 생태 이야기와 정보를 담은 휴대용 어류 도감입니다. 그 중 50여 종은 수중촬영을 통해 들여다 본 모습입니다.

이 책은 초심자도 이해할 수 있게 물고기에 대한 설명은 되도록이면 쉽게 하였고 여러 가지 정보는 아이콘을 도입하여 직관적인 이해를 도왔습니다. 또한 주요 수계와 서식처 별로 물고기를 빠르게 찾아볼 수 있도록 하였으며 국내 어류도감 최초로 민물고기의 어종별 회유특성을 아이콘으로 표기하였습니다. 따라서 이 책은 언제 어디서든 우리 물고기를 알고자하는 분들의 손 안에서 물 속 생명의 소중함을 전해주는 충실한 도감이자 친절한 생태 안내서가 되어줄 것입니다.

민물고기의 회유특성에 대해 정리해 주신 국립수산과학원 중앙내수면연구소 이완옥 박사님과 항상 친절하게 도와주시는 조성장 보령민물생태관장님께 감사하며 생물도감 출판에 열정을 갖고 계신 이비락 출판사 강기원 사장님께도 감사의 말씀을 전합니다.

2014년 봄 노세윤

이 책의 구성과 이용 방법

1. 이 책에는 한반도 휴전선 이남에 서식하는 130종의 담수어를 실었다.
2. 담수어 분류와 순서는 넬슨(Nelson, 1994) 체계를 따랐다.
3. 물고기의 등에서 복부(배) 방향으로 생긴 줄무늬는 해부학적으로는 '가로줄무늬'로 칭하지만 이 책에선 쉬운 이해를 위해 '세로줄무늬'로 표현했다.

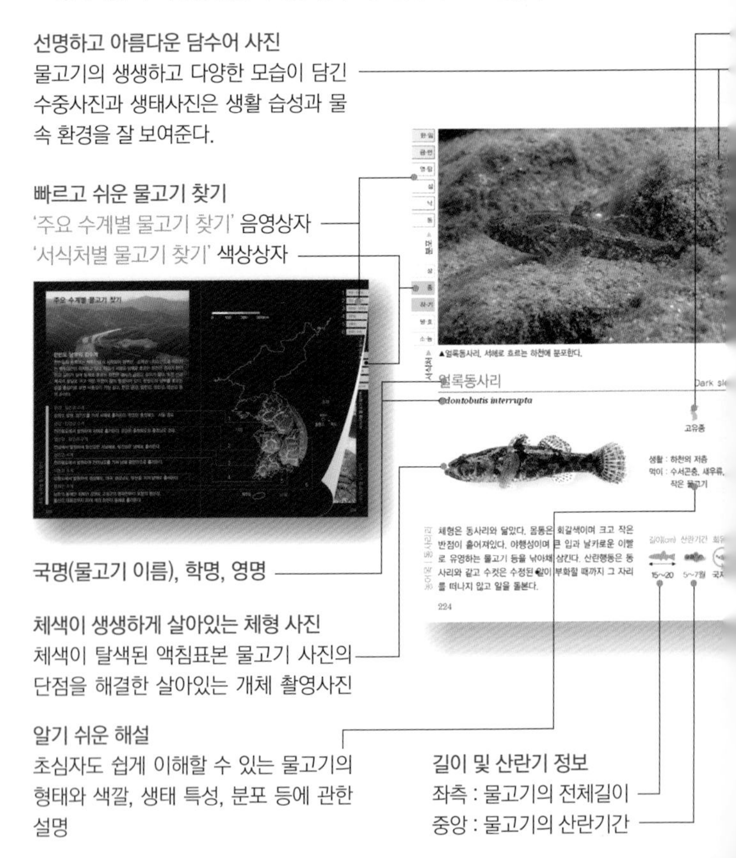

4. 앞 부분에 '물고기의 체형과 주요 부위', '물고기의 여러 가지 체형', '물고기의 동작과 지느러미 역할', '담수어의 생활과 이동'에 대해 설명하여 본문을 이해하도록 하였다.
5. 뒷 부분에는 '용어 해설', '한국산 담수어 목록', '학명으로 찾기', '이름으로 찾기' 등을 실어 독자의 이해와 편의를 도왔다.

담수어의 보존, 보호현황 정보 아이콘

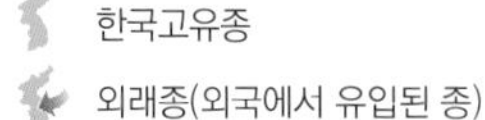

- 한국고유종
- 외래종(외국에서 유입된 종)
- 멸종위기야생동물 Ⅰ급 어종
- 멸종위기야생동물 Ⅱ급 어종
- 천 천연기념물(어종 및 서식지)

회유목적과 이동방향을 형상화한 이미지를 조합하여 담수어의 회유형태 표시

담수어 회유형태 구분 아이콘

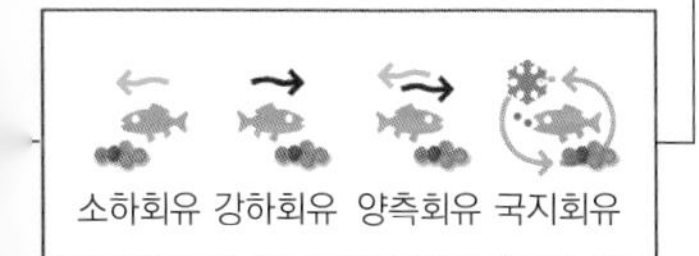

담수어 회유형태 구분(p. 23)

소하 회유종	바다에서 생활하다가 산란하러 담수로 이동하는 종.
강하 회유종	담수에서 생활하다가 산란하러 바다로 이동하는 종.
양측 회유종	치어기에 연안, 성장 후 하천의 중류로 산란기에 하천의 하류로 이동하는 종.
국지 회유종	월동과 섭식 또는 산란을 위해 하천의 위아래를 이동하는 종.

차례

잉어
40

이스라엘잉어
43

붕어
44

떡붕어
48

초어
49

흰줄납줄개
50

한강납줄개
51

각시붕어
54

떡납줄갱이
56

납자루
57

묵납자루
58

칼납자루
60

임실납자루
62

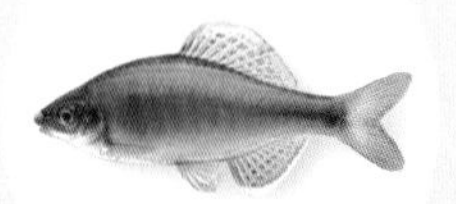

줄납자루
64

큰줄납자루
65

납지리
66

큰납지리
68

가시납지리
69

참붕어
71

돌고기
72

감돌고기
74

가는돌고기
76

쉬리
78

새미
80

참중고기
81

중고기
84

줄몰개
85

긴몰개
86

몰개
87

참몰개
88

점몰개
90

누치
92

참마자
94

왜매치
101

꾸구리
102

돌상어
106

어름치
96

모래무지
98

버들매치
100

흰수마자
108

모래주사
109

돌마자
110

여울마자
112

됭경모치
113

배가사리
114

두우쟁이
116
잉어목
잉어과
황어아과
황어
117
연준모치
118
버들치
120
버들개
124
금강모치
125
잉어목
잉어과
피라미아과
왜몰개
126
갈겨니
127
참갈겨니
128
피라미
132

꼬리
134
눈불개
135
잉어목
잉어과
강준치아과
강준치
136
치리
137
잉어목
종개과
대륙종개
138
종개
140
쌀미꾸리
142
잉어목
미꾸리과
미꾸리
144
미꾸라지
146

참종개
148

부안종개
152

미호종개
154

왕종개
156

남방종개
158

동방종개
159

새코미꾸리
160

얼룩새코미꾸리
162

기름종개
163

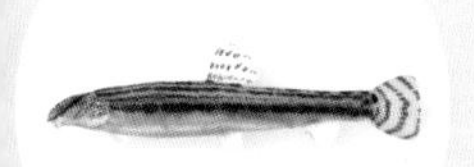

점줄종개
164

줄종개
166

북방종개
168

수수미꾸리
170

좀수수치
171

메기
174

미유기
176

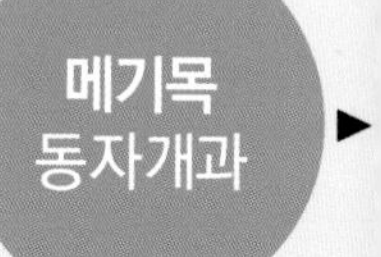

동자개
178

눈동자개
180

꼬치동자개
182

대농갱이
183

밀자개
184

자가사리
185
퉁가리
186
퉁사리
188
섬진강자가사리
189
바다빙어목
바다빙어과
빙어
192
은어
193
연어목
연어과
연어
196
산천어 · 송어
200
동갈치목
송사리과
송사리
202

대륙송사리
204

큰가시고기
206

가시고기
207

잔가시고기
208

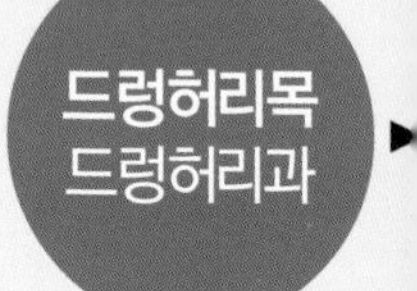

드렁허리
211

둑중개
214

한둑중개
216

꺽정이
217

쏘가리
220

황쏘가리
221

꺽저기
222

꺽지
224

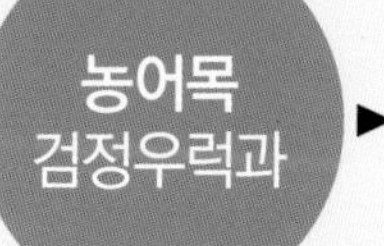

▶

블루길
226

배스
228

농어목
돛양태과

▶

강주걱양태
230

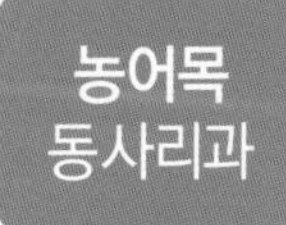

▶

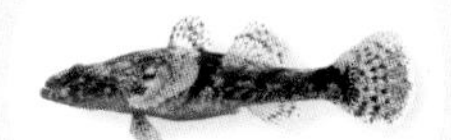

동사리
232

얼룩동사리
234

남방동사리
236

좀구굴치
238

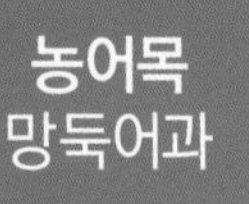

날망둑
240

꾹저구
241

풀망둑
243

갈문망둑
244

밀어
246

민물두줄망둑
248

검정망둑
249

민물검정망둑
250

짱뚱어
252

물고기 체형과 주요 부위

물고기는 물 속에서 아가미로 호흡하고 지느러미로 움직이는 척추동물이며 머리와 몸통, 꼬리, 지느러미로 구분된다. 지느러미는 수직 방향으로 나있는 3개의 홑지느러미와 좌우 짝을 이루는 2쌍의 짝지느러미가 있다.

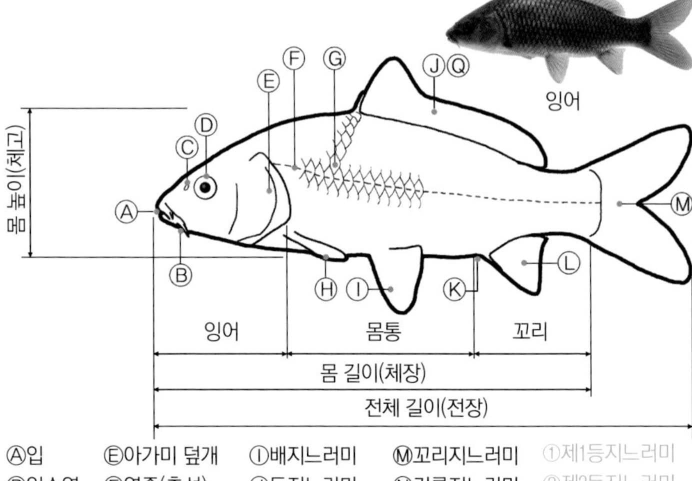

Ⓐ입	Ⓔ아가미 덮개	Ⓘ배지느러미	Ⓜ꼬리지느러미	①제1등지느러미
Ⓑ입수염	Ⓕ옆줄(측선)	Ⓙ등지느러미	Ⓝ기름지느러미	②제2등지느러미
Ⓒ콧구멍	Ⓖ비늘	Ⓚ항문/생식공	Ⓞ극조	③등가시
Ⓓ눈	Ⓗ가슴지느러미	Ⓛ뒷지느러미	Ⓟ연조	④가로줄무늬

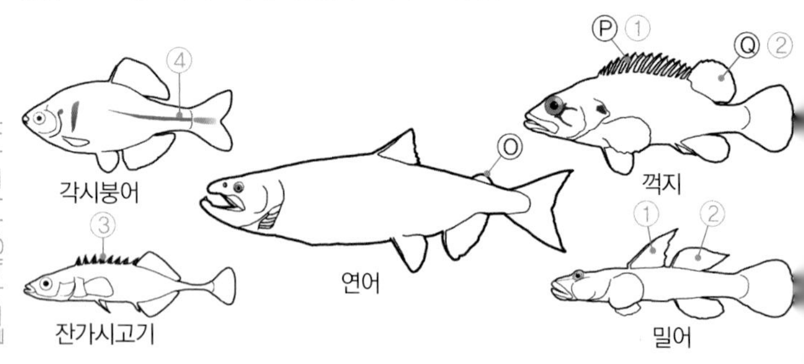

물고기의 여러 가지 체형

물고기는 다양한 외형을 가지고 있으나 대략 아래와 같이 뱀장어처럼 가늘고 긴 장어형, 잉어처럼 유선형인 방추형, 흰줄납줄개나 각시붕어처럼 체고는 높고 좌우로 홀쭉한 측편형, 미꾸라지처럼 머리띠 모양으로 생긴 리본형, 강주걱양태처럼 체고는 낮고 위 아래로 납작한 종편형, 복어처럼 둥그스름한 구형 등 6가지 형태로 구분한다.

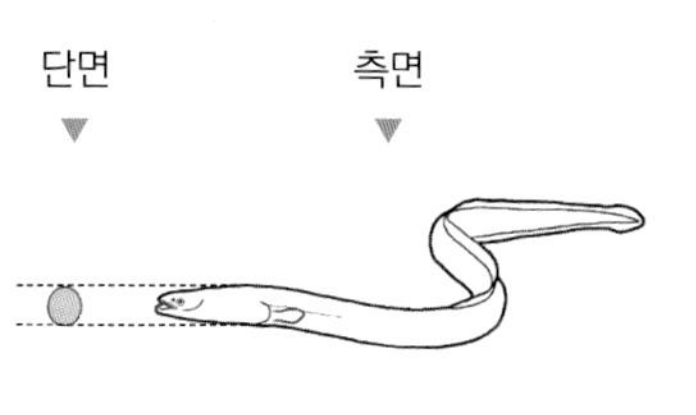

뱀장어

장어형 : 가늘고 긴 모양

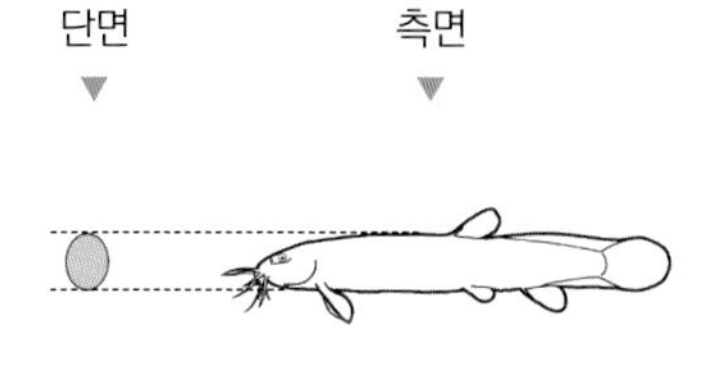

미꾸라지

리본형 : 리본(Ribbon)모양

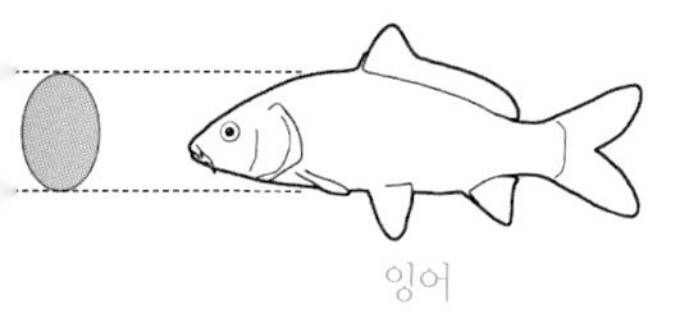

잉어

방추형 : 유선 모양

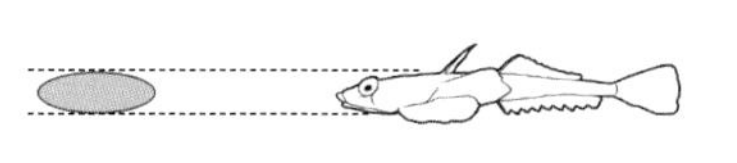

강주걱양태

종편형 : 위아래로 납작한 모양

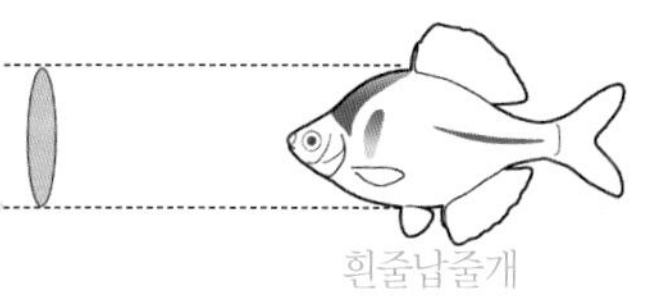

흰줄납줄개

측편형 : 좌우로 납작한 모양

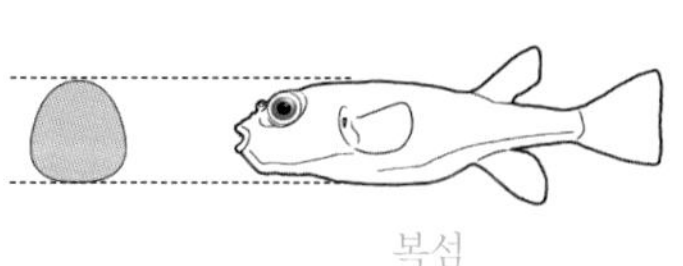

복섬

구형 : 원통 모양

물고기의 동작과 지느러미 역할

육상동물이 활동의 수단으로 다리나 날개를 사용하는 것처럼 물고기는 물 속에서 지느러미를 움직여 활동한다. 지느러미 중 수직방향으로 1개씩인 홑지느러미는 등지느러미, 뒷지느러미, 꼬리지느러미이며, 좌우로 1쌍인 짝(쌍)지느러미는 가슴지느러미, 배지느러미이다.

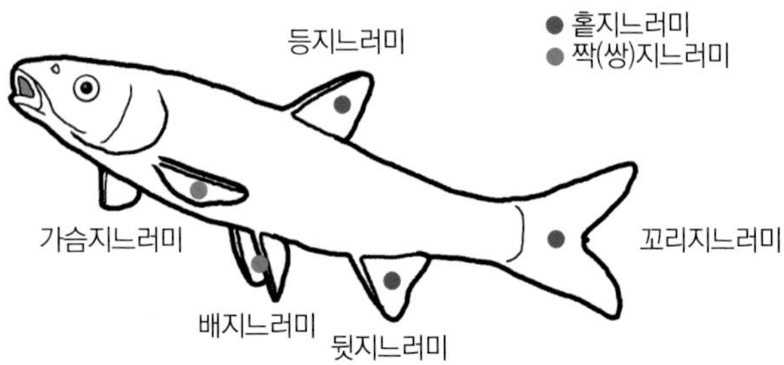

짝지느러미로는 몸의 균형 유지와 회전, 미세동작을 취하고 홑지느러미로는 수직 자세를 취한다. 앞으로 나아갈 때는 꼬리지느러미를 좌우로 빠르게 움직여 추진력을 얻는다.

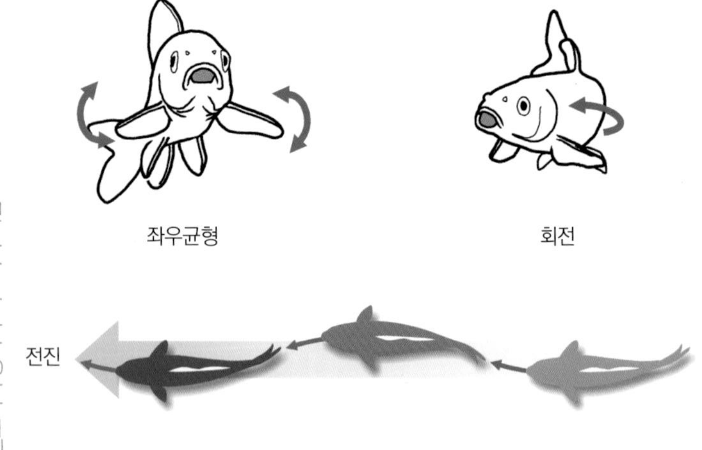

민물고기의 생활과 이동

민물고기(담수어)는 담수 즉, 수중에 염분이 없거나 농도가 매우 낮은 민물에 사는 물고기를 뜻하지만 민물과 바닷물이 합쳐지는 기수역에 살거나, 민물과 바닷물을 왕래하거나, 바다에 살지만 잠시 민물이나 기수역에 나타나는 물고기를 모두 포함한다. 이 가운데 일생을 민물에서 생활하는 물고기를 1차 담수어, 민물에서 살지만 바닷물에도 적응하는 물고기를 2차 담수어라고 한다. 2차 담수어에 해당하는 일부어종은 습성에 따라 하천과 바다와 하천, 하천과 바다를 왕래하지만 대부분은 담수 하천을 벗어나지 않고 상류와 하류 사이를 오간다. 회유형태별로 구분하면 아래와 같다.

소하회유종(바다에서 생활하다가 산란시기에 강이나 하천으로 올라와 산란하는 종), 강하회유종(강이나 하천에서 생활하다가 산란시기에 바다로 내려가 산란하는 종), 양측회유종(강을 오르며 성장하여 산란은 강하구에서 하고 치어는 연안으로 이동한 뒤 강오름을 하는 종), 국지회유종(산란과 또는 계절에 따라 하천의 위아래를 국지적으로 이동하는 종) 국립수산과학원 중앙내수면연구소, 어도이용 어류 생태도감, 2006

▶하천에서 살다가 바다로 나가 산란하는 뱀장어.

▼산란하러 하천으로 올라오고 있는 연어(양양 남대천)

주요 수계별 물고기 찾기

한반도 남부의 강수계

한반도의 동쪽에는 백두산에서 시작되어 태백산 · 소백산 · 지리산으로 이어지는 백두대간이 위치하고 있다. 따라서 서해와 남해로 흐르는 하천은 경사가 완만하고 길이가 길며 동해로 흐르는 하천은 경사가 급하고 길이가 짧다. 또한 산과 계곡의 발달로 크고 작은 하천이 많이 형성되어 있다. 한반도의 남부를 흐르는 강을 총길이로 보면 낙동강이 가장 길고, 한강, 금강, 임진강, 섬진강, 영산강 등의 순이다.

한강 · 임진강 수계

강원도 발원. 경기도를 거쳐 서해로 흘러든다. 한강은 충청북도 · 서울 경유

금강 · 만경강 수계

전라북도에서 발원하여 서해로 흘러든다. 금강은 충청북도와 충청남도 경유

영산강 · 탐진강 수계

전라남도에서 발원하여 영산강은 서남해로, 탐진강은 남해로 흘러든다.

섬진강 수계

전라북도에서 발원하여 전라남도를 거쳐 남해 광양만으로 흘러든다.

낙동강 수계

강원도 발원. 경상북도, 대구, 경상남도, 부산을 거쳐 남해로 흘러든다.

동해안 수계

남한의 동해안 최북단 강원도 고성군의 명파천부터 포항의 형산강,
울산의 태화강까지 20여 개의 하천이 동해로 흘러든다.

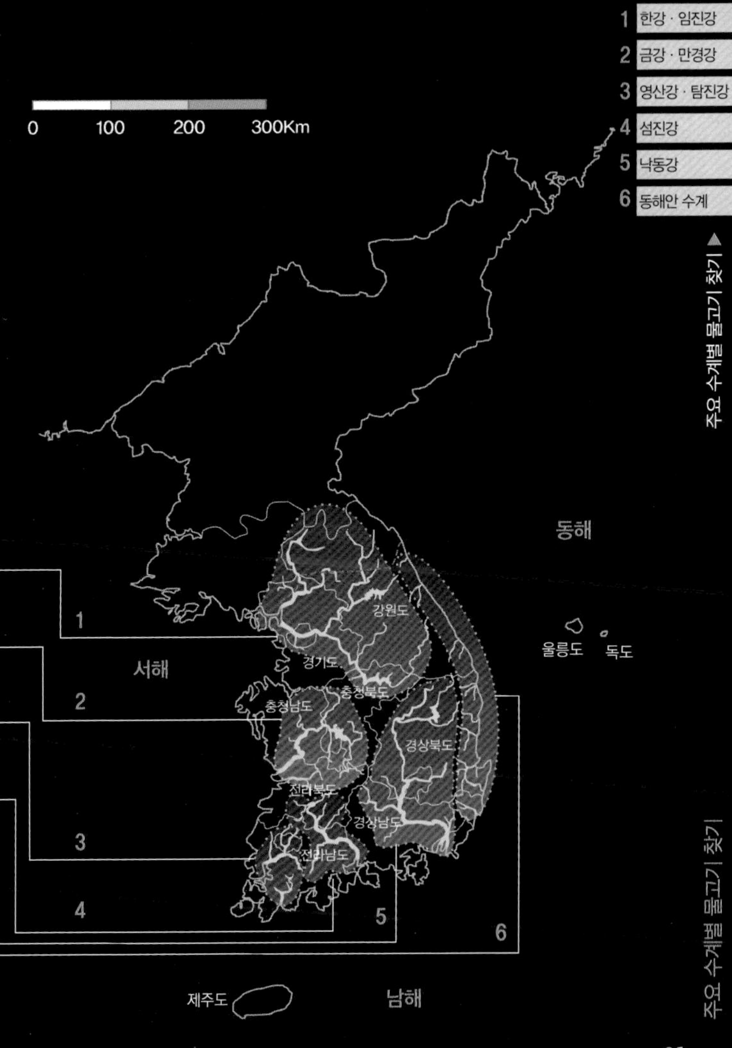
1 한강 · 임진강
2 금강 · 만경강
3 영산강 · 탐진강
4 섬진강
5 낙동강
6 동해안 수계
0
100
200
300Km
동해
강원도
울릉도
독도
서해
경기도
충청북도
충청남도
경상북도
전라북도
경상남도
전라남도
제주도
남해
1
2
3
4
5
6

하천과 물고기

우리나라의 남북으로 거대하게 형성된 백두대간과 사방으로 뻗어나간 정맥의 산중에는 하천의 근원이 되는 샘이 수없이 많다. 지하에서 솟아난 물은 낮은 곳으로 흐르면서 다른 곳의 물들과 계속 합류하며 멀리 떨어진 바다에 이른다. 민물고기는 샘에서 솟은 작은 물 줄기가 큰 물이 되어 바다로 흘러가는 긴여정 속에서 만들어낸 다양한 환경을 이용하면서 생명을 이어간다.

상류 숲이 울창하여 물이 차고 깨끗하다. 물은 경사면을 흐르면서 바위와 돌에 부딪치며 공기 중의 산소를 풍부하게 흡수한다. 찬물에 적응하는 물고기들이 돌에 붙은 조류나 수

상류 계곡의 개울(치악산)

▼수중에는 우리가 평소 잘 알지 못했던 생물의 세계가 존재한다. 하천을 알면 물고기의 생활사를 이해하는데 큰 도움이 된다. 민물고기 탐사는 즐거운 물놀이이자 자연과 생명의 소중함을 깨닫게 하는 매우 유익한 환경 학습이다.

서곤충, 물 위로 낙하하는 육상곤충을 섭식하며 각각의 위치에서 살아간다. 돌 사이의 다양한 공간은 물고기의 은신처이자 산란처이다.

상류의 수중환경(경기도 가평)

서식처별 물고기 찾기

중류 산골을 벗어난 개울물은 경사가 완만한 평지나 산을 굽이 돌면서 주변의 숲에 저장되었던 물과 합류한다. 떠내려온 각종 물질과 늘어난 일조량은 플랑크톤과 조류, 수서곤충 등을 풍부하게 하여 먹이사슬이 견고해진다. 돌과 자갈, 모래, 진흙 등은 물의 흐름에 의해 분리되었다가 같은 성질끼리 바닥에 가라 앉아 미세서식처가 된다. 가장 많은 종류의 물고기가 모여든다.

중류 소(沼)의 물고기들

▶물고기 탐사 시 알을 밴 암컷이나 치어, 보호종은 관찰 후 즉시 놓아주어야 한다.

중류의 하천(강원도 평창군)

하류·기수역

물은 넓고 깊은 강이되어 너른 들판을 흐르면서 유속이 저하된다. 모래와 진흙은 가라앉아 바닥을 평탄하게 한다. 가벼운 진흙은 더 아랫쪽에 쌓인다. 활동 반경이 넓고 덩치가 큰 물고기가 나타난다. 조수간만의 차이로 해수가 드나드는 하구 기수역에는 염분의 농도변화에 적응하는 물고기가 살고 많은 종류의 물고기가 담수와 바다를 오간다.

공릉천 하구(경기도 파주)

◀봄철에 어부가 하천으로 올라오는 사백어를 잡는 모습(부산 기장).

금강 하구와 하구둑(충청남도 서천군)

서식처별 물고기 찾기

댐호·호수 | 경사면을 흐르던 하천은 협곡에 축조한 댐에 갇혀 호수가 된다. 화산활동과 지각변동이 거의 없는 우리나라엔 자연발생 호수는 드물다. 물고기는 하천 유입부 주변에서 주로 생활하며 방류한 물고기가 많이 산다. 유기물과 오염물질 등이 가라앉아 부영양화를 일으킨다. 한편, 강원도 동해안에는 모래둑이 쌓여 물길이 막힌 석호가 있다.

청평댐(경기도 가평)

◀남한강 수계에 조성된 충주호(충청북도 제천)

동해안의 석호인 송지호(강원도 고성군)

소하천 · 농수로

실핏줄처럼 연결된 작은 개울은 하천 본류로 물을 공급한다. 수량이 적어 햇볕을 받으면 수온이 높아진다. 경사면의 개울은 자갈과 모래로, 평지의 개울은 진흙으로 바닥이 구성된다. 본류로부터 경작지로 물길이 돌려진 농수로는 농한기에는 물이마른다. 작은 물고기들이 본류를 오가며 살거나 진흙에 구멍을 파고 사는 물고기들이 산다.

경기도 과천시

▶도시 주변의 작은 개울에서도 물고기를 볼 수 있다. 채집된 갈문망둑(경기도 시흥)

경기도 화성시

전라북도 임실군

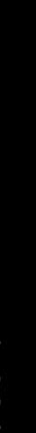

다묵장어

칠성장어목

칠성장어과

다묵장어

뱀장어목

뱀장어과

뱀장어

▲다묵장어. 약 3억 5천만 년 전(데본기)에 멸종한 고대어류의 특징을 지녔다.

다묵장어

Sand lamprey

Lethenteron reissneri

Ⅱ급

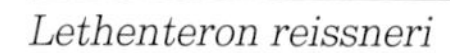

생활 : 하천의 저층
먹이 : 진흙이나 모래 속의 유기물
국외 : 일본, 중국, 러시아 연해주

입은 동그랗고(圓口類) 흡반으로 이루어져 있으며 턱이 없는(無顎類) 원시어류이다. 7쌍의 아가미 구멍으로 호흡한다. 유생(ammocoetes · 아모코에테스)으로 3년을 모래나 진흙 속에서 살다가 4년째 되는 해 성어로 변태하고 이듬해 알을 낳고 죽는다. 일생을 담수에서 지낸다.

길이(cm)	산란기간	회유특성
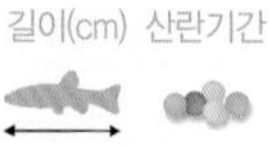		
20	4~6월	국지회유

▲다묵장어 유생

▶눈과 입이 완성되기 전 유생의 머리부분

▼(上)다묵장어 성어의 입. 동그랗고 턱이없다.

▼(下)빨판 모양의 입을 이용해 돌이나 바위 등에 붙는다.

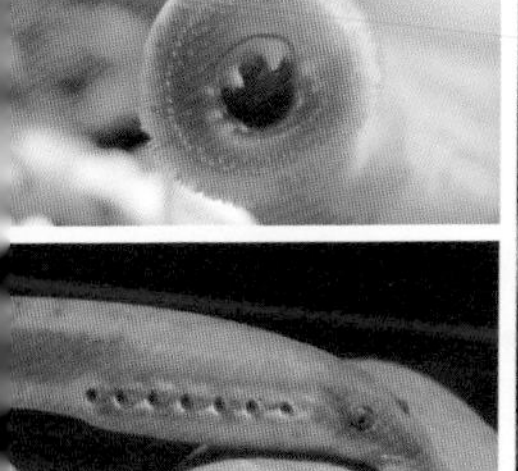

▲뱀장어. 민물에서 살다가 먼바다로 나가 알을 낳고 생을 마친다.

뱀장어 Eel

Anguilla japonica

생활 : 하천의 저층
먹이 : 새우, 작은 물고기, 수서곤충 등
국외 : 일본, 중국, 대만

몸은 가늘고 길다. 유생(leptocephalus · 렙토세팔루스)은 대나무잎 모양으로 생겼으며 태어난 곳에서 해류를 따라 이동하다 강하구에 다다를 즈음 성어의 모습을 갖춘 실뱀장어로 변태한다. 담수에서 5~12년간 살다가 가을에 태어난 먼바다로 나가며 알을 낳고 죽는다.

길이(cm)	산란기간	회유특성
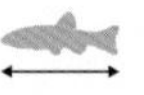		
60~100	4~6월 (심해)	강하회유

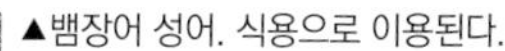

▲뱀장어 성어. 식용으로 이용된다.

◀이른 봄 강하구에서 포획된 실뱀장어(ⓒ전형배)

▼실뱀장어 포획그물이 설치된 전북 고창 인천강 하구. 포획된 실뱀장어는 양어장에서 성어로 길러진다.

참갈겨니

잉어목

잉어과

잉어아과
잉어 | 이스라엘잉어
붕어 | 떡붕어 | 초어

납자루아과
흰줄납줄개 | 한강납줄개
각시붕어 | 떡납줄갱이 | 납자루
묵납자루 | 칼납자루 | 임실납자루
줄납자루 | 큰줄납자루 | 납지리
큰납지리 | 가시납지리

모래무지아과
참붕어 | 돌고기 | 감돌고기
가는돌고기 | 쉬리 | 새미
참중고기 | 중고기 | 줄몰개
긴몰개 | 몰개 | 참몰개 | 점몰개
누치 | 참마자 | 어름치
모래무지 | 버들매치 | 왜매치
꾸구리 | 돌상어 | 흰수마자
모래주사 | 돌마자 | 여울마자
됭경모치 | 배가사리 | 두우쟁이

황어아과
황어 | 연준모치 | 버들치
버들개 | 금강모치

피라미아과
갈겨니 | 참갈겨니
피라미 | 끄리 | 눈불개

강준치아과
강준치 | 치리

종개과
대륙종개 | 종개 | 쌀미꾸리

미꾸리과
미꾸리 | 미꾸라지 | 참종개 | 부안종개
미호종개 | 왕종개 | 남방종개 | 동방종개
새코미꾸리 | 얼룩새코미꾸리 | 기름종개
점줄종개 | 줄종개 | 북방종개
수수미꾸리 | 좀수수치

▲잉어. 환경에 잘 적응하며 우리나라 전국에 분포한다.

잉어

Carp, Common carp

Cyprinus carpio

생활 : 하천의 중·하층
먹이 : 수초, 수서곤충, 갑각류, 진흙 속의 동·식물질
국외 : 아시아, 유럽

몸은 길고 유선형이다. 입수염은 2쌍이다. 모래나 진흙을 입으로 빨아들여 그 속에 있는 먹이를 먹기도 한다. 1m 이상 자라기도 하며 30~40년을 장수한다. 예부터 재물과 행운, 건강, 출세에 관한 상징으로 많이 언급되어 우리에게 친숙한 물고기이다. 식용으로 이용된다.

길이(cm)	산란기간	회유특성
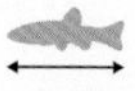		
30~80	4~7월	국지회유

▲하천의 잉어 무리. 바닥과 중간을 유영하면서 모래를 입으로 파헤쳐 먹이를 얻기도 한다.

▼다자란 잉어(上)와 어린 잉어(下)

▼ 2쌍의 입수염이 있다.

▲유속이 느린 곳에서 떼지어 있는 어린 잉어들

▲이스라엘잉어. 독일산 가죽잉어와 이스라엘산 잉어의 교배종이다.

Islaeli carp

이스라엘잉어

Cyprinus carpio

외래종

생활 : 하천의 중 · 하층
먹이 : 부착조류, 유기물, 수서곤충, 갑각류
국외 : 전 세계

길이(cm)	산란기간	회유특성
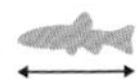		
50~100	5~7월	국지회유

잉어보다 등이 높고 입수염은 2쌍이다. 비늘은 몸의 일부에만 있다. 잉어보다 성장속도가 2배 빠르다. 1973년 우리나라에 식용으로 도입되었으며 '향어'라고 부르기도 한다. 방류하였거나 양식장에서 이탈한 것들이 자연에서 번식한다.

▲ 붕어

붕어

Crusian carp

Carassius auratus

생활 : 하천의 중 · 하층
먹이 : 부착조류, 유기물, 수서곤충, 갑각류
국외 : 아시아, 유럽

체고가 높고 비늘은 잉어에 비해 가지런하지 않다. 입수염은 없다. 몸은 황갈색 또는 흑갈색이다. 물이 정체되거나 천천히 흐르는 곳에 산다. 산란기에 수초가 있는 얕은 물에서 무리지어 산란하며 수초에 알을 붙인다. 대표적인 낚시 어종이며 약용과 식용으로 이용된다.

길이(cm)	산란기간	회유특성
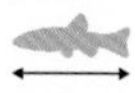		
20~40	4~7월	국지회유

▲잉어와 사는 곳이 겹치기도한다. 두 종은 닮았지만 붕어는 입수염이 없다.

▶큰돌이나 바위는 가장 좋은 은신처이다.

▼그물에 포획된 붕어

▲하천의 중류에서 하류, 댐, 호수 등에 고루 분포하는 붕어. 환경에 대한 적응력이 있다.

▲떡붕어. 붕어보다 등이 높다.

떡붕어

Crusian carp

Carassius cuvieri

외래종

생활 : 하천의 중·하층
먹이 : 식물성 플랑크톤, 실지렁이, 수서곤충, 물풀, 유기물
국외 : 일본

붕어보다 등이 솟아있으며 눈과 입의 높이가 거의 일치한다. 일본의 비와호(湖) 특산종이며 1972년 우리나라에 처음 도입되었다. 지금은 전국의 댐, 저수지 등에서 토종 붕어보다 더 많이 발견된다. 붕어보다 성장이 2배 빠르다. 낚시용으로 수입되어 전국에 방류된다.

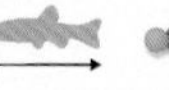

길이(cm)	산란기간	회유특성
20~40	4~7월	국지회유

▲초어. 수초를 주식으로 한다.

초어

Grass carp

Ctenopharyngodon idellus

외래종

생활 : 하천의 상·중층
먹이 : 수초 및 수중의 식물
국외 : 일본, 중국, 베트남

길이(cm)	산란기간	회유특성
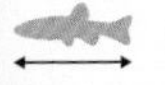 50~100	6~7월	국지회유

몸은 길고 입수염은 없다. '초어(草魚)'란 이름에 맞게 수초를 먹이로 하며 물에 잠긴 육상의 식물도 먹는 등 특이한 식성을 가지고 있다. 2m 가까이 자라기도 하는 대형 어종으로 원산지는 중국이며 우리나라에는 1963년에 일본으로부터 도입되었다.

▲흰줄납줄개. 몸통이 옆으로 매우 홀쭉하다.

흰줄납줄개

Rose bitterling

Rhodeus ocellatus

생활 : 하천의 중 · 하층
먹이 : 수서곤충, 실지렁이, 규조류
국외 : 일본, 중국

몸은 옆으로 아주 납작하며 등은 동그랗게 솟아있다. 몸통에 파란색 줄무늬가 있다. 유속이 느리고 수초가 있는 곳에 산다. 산란기에 수컷의 주둥이에 돌기가 발달하고 몸은 선홍색을 띤다. 산란관이 긴 암컷은 덩치가 큰 말조개, 펄조개 등에 알을 낳는다.

길이(cm)	산란기간	회유특성

6~8	4~7월	국지회유

▲한강납줄개

한강납줄개

Hangang bitterling

Rhodeus pseudosericeus

고유종 Ⅱ급

생활 : 하천의 중 · 하층
먹이 : 작은 동 · 식물, 유기물

길이(cm) 산란기간 회유특성

5~9 4~6월 국지회유

몸은 옆으로 납작하다. 비늘은 광택이 있고 흑색소포가 많아 체색이 어둡다. 몸통에 파란색 줄무늬가 있다. 수초지대에 무리지어 생활한다. 민물조개의 몸 안에 알을 낳는다. 남한강 상류 수계에만 분포한다고 알려졌으나 북한강과 충청남도의 일부 수계에서도 발견된다.

▲충청남도 일부 수계에 서식하는 한강납줄개

▼묵납자루와 혼종으로 추정되는 개체. 줄무늬가 희미하고 옆줄은 중간에서 끝난다.

▲한강납줄개 서식처. 유속이 느리고 수초가 많은 곳에 산다.

▲각시붕어. 수컷은 산란기에 더욱 화려해진다.

각시붕어

Korean rose bitterling

Rhodeus uyekii

고유종

생활 : 하천의 중 · 하층
먹이 : 부착조류, 수초, 수서곤충

몸은 옆으로 납작하다. 몸통에 파란색 줄무늬가 있다. 수초지대에 무리지어 살며 민물조개의 몸 속에 알을 낳는다. 산란기에 몸 색깔이 화려해진 수컷은 암컷을 조개 주변으로 이끌어 몸을 부드럽고 빠르게 좌우로 흔드는 산란유도 행동을 한다.

길이(cm)	산란기간	회유특성
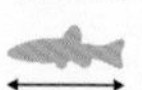		
4~5	5~6월	국지회유

▲산란이 임박한 각시붕어 암컷. 수컷은 주변을 맴돌면서 암컷의 산란을 돕는다.

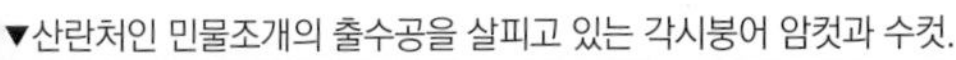

▼산란처인 민물조개의 출수공을 살피고 있는 각시붕어 암컷과 수컷.

▲떡납줄갱이. 체구는 작지만 아름다워 관상어로 사랑받는다.

떡납줄갱이

Rhodeus notatus

생활 : 하천의 중 · 하층
먹이 : 부착조류, 동물성 플랑크톤
국외 : 중국

몸은 옆으로 납작하다. 납줄개속(屬)의 다른 물고기 보다 몸집은 작으며 몸통의 파란색 줄무늬는 가장 길게 나타난다. 산란기에 수컷의 눈과 주둥이 주변이 붉어진다. 유속이 느리고 수초가 있는 곳에 살며 진흙 속에 사는 민물조개의 몸 속에 알을 낳는다.

길이(cm)	산란기간	회유특성
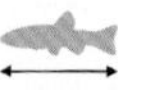		
4~5	4~7월	국지회유

▲납자루. 뒷지느러미의 붉은색 무늬 넓이는 개체마다 다르다.

Slender bitterling

납자루

Acheilognathus lanceolatus

생활 : 하천의 중층
먹이 : 부착조류, 수서곤충
국외 : 일본

길이(cm)	산란기간	회유특성
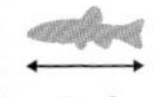		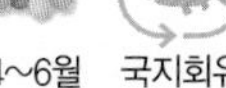
5~9	4~6월	국지회유

몸은 옆으로 납작하고 1쌍의 입수염이 있다. 산란기에 수컷의 주둥이엔 돌기가 발달하고 등지느러미와 뒷지느러미 가장자리 붉은색 무늬는 선명하고 확장된다. 유속이 빠른 곳에서 살며 민물조개인 말조개, 작은말조개의 몸 속에 알을 낳는다.

▲묵납자루 수컷. 등지느러미에 노란색 띠가 있다.

묵납자루

Korean bitterling

Acheilognathus signifer

고유종 Ⅱ급

생활 : 하천의 중 · 하층
먹이 : 부착조류, 수서곤충

몸은 옆으로 납작하고 1쌍의 입수염이 있다. 등은 동그랗고 등지느러미 가장자리에 노란색 띠가 있다. 산란기에 바닥의 민물조개와 짝을 이룰 암컷을 둘러싸고 수컷끼리 다툼을 벌이는데 발달한 주둥이 돌기로 서로의 몸통을 들이받거나 지느러미를 물어뜯기도 한다.

길이(cm)	산란기간	회유특성
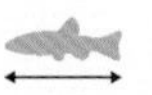		
6~10	5~6월	국지회유

▲묵납자루 암컷. 등지느러미가 수컷보다 작고 노란색 띠가 없다.

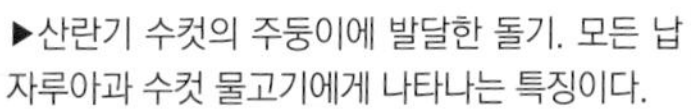
▶산란기 수컷의 주둥이에 발달한 돌기. 모든 납자루아과 수컷 물고기에게 나타나는 특징이다.
▼민물조개인 대칭이와 묵납자루 수컷

▲칼납자루 수컷.

칼납자루

Oily bitterling

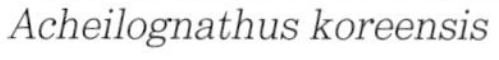

Acheilognathus koreensis

고유종

생활 : 하천의 중 · 하층
먹이 : 부착조류, 수서곤충

몸은 옆으로 납작하고 1쌍의 입수염이 있다. 등지느러미 가장자리에 1줄, 뒷지느러미에 2줄의 황색 띠가 있다. 산란기에 체색은 짙어진다. 유속이 느린 평지 하천의 자갈과 수초가 있는 곳에 무리지어 살며 암컷과 알을 낳을 민물조개를 두고 수컷끼리 경쟁한다.

길이(cm)	산란기간	회유특성

6~8	4~6월	국지회유

▲칼납자루 암컷. 등지느러미가 수컷보다 작다.

▼낙동강산(上), 섬진강산(下)

▲섬진강이 흐르는 전라북도 임실에서 처음 발견되었다.

임실납자루

Somjin bitterling

Acheilognathus somjinensis

고유종 Ⅰ급

생활 : 하천의 중·하층
먹이 : 부착조류, 수서곤충

몸은 옆으로 납작하고 1쌍의 입수염이 있다. 등지느러미와 뒷지느러미에 황색 띠가 있다. 체형이 칼납자루와 매우 닮아 두 종을 구분하기가 쉽지 않다. 칼납자루 보다 암컷의 산란관이 길고 알의 모양이 더 둥글다. 섬진강 일부 수계에 살며 민물조개에 알을 낳는다.

길이(cm)	산란기간	회유특성
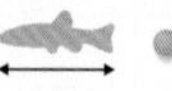		
5~6	5~7월	국지회유

▲임실납자루 서식처. 섬진강 일부 수계에 산다.

▲줄납자루

줄납자루

Korean stripted bitterling

Acheilognathus yamatsutae

고유종

생활 : 하천의 중 · 하층
먹이 : 수서곤충, 식물성 플랑크톤

몸은 옆으로 납작하다. 1쌍의 입수염이 있다. 몸통의 청록색 줄무늬는 반점과 가깝거나 닿아 있다. 뒷지느러미 가장자리에 백색 띠가 있다. 산란기에 수컷의 주둥이와 코 주변엔 돌기가 발달한다. 유속이 빠르고 진흙과 자갈이 깔린 곳에 살며 민물조개에 알을 낳는다.

길이(cm)	산란기간	회유특성
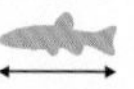		
6~10	4~7월	국지회유

▲ 큰줄납자루. 줄납자루보다 체구가 크고 깊은 곳에 산다.

큰줄납자루

Large stripted bitterling

Acheilognathus majusculus

고유종

생활 : 하천의 중 · 하층
먹이 : 수서곤충

길이(cm)	산란기간	회유특성
9~11	5~7월	국지회유

몸은 좌우로 납작하다. 1쌍의 입수염이 있다. 몸통에 청록색 반점과 줄무늬가 있다. 줄납자루보다 몸집이 더 크고 체색은 푸르다. 산란기에 수컷의 주둥이에 돋아난 돌기는 눈 주변까지 확장된다. 수심이 약간 깊고 큰 돌이 깔린 곳에 살며 민물조개의 몸 속에 알을 낳는다.

▲납지리. 납자루아과 물고기 중 가장 늦게 산란한다. 이때 수컷의 몸 색깔은 화려하다.

납지리

Flat bitterling

Acheilognathus rhombeus

생활 : 하천의 중 · 하층
먹이 : 수초, 돌말
국외 : 일본

입수염은 1쌍이며 짧다. 아가미 뒤 쪽에 청록색 반점이 있고 몸통엔 청록색 줄무늬가 있다. 산란기에 수컷의 지느러미는 선홍색을 띠어 화려해지고 주둥이의 돌기는 눈주변까지 확장된다. 유속이 느린 곳에 살며 민물조개의 몸 속에 알을 낳는다. 가을에 알을 낳는다.

길이(cm)	산란기간	회유특성
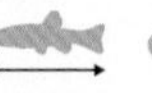		
6~10	9~11월	국지회유

▲납지리 암컷

▼산란기가 지난 수컷의 몸 색깔

▲큰납지리. 납자루아과 물고기 중 체구가 가장 크다.

큰납지리

Deep body bitterling

Acanthorhodeus macropterus

생활 : 저수지나 하천의 중·하층
먹이 : 깔따구 유충, 수서곤충, 해감
국외 : 중국

짧은 입수염이 1쌍 있다. 아가미 뒤에 옅은 반점, 4번째 비늘엔 짙은 반점이 있다. 몸통엔 청록색 줄무늬가 있고 뒷지느러미 가장자리는 흰색이다. 납지리보다 크며 유속이 느린 수초지대에 산다. 산란기에 수컷의 주둥이엔 돌기가 발달하고 민물조개의 몸 속에 산란한다.

길이(cm)	산란기간	회유특성
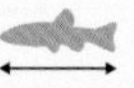		
6~15	4~6월	국지회유

▲가시납지리. 뒷지느러미의 가장자리가 검다.

가시납지리

Korean spined bitterling

Acanthorhodeus gracilis

고유종

생활 : 저수지나 하천의 중 · 하층

먹이 : 수서곤충, 실지렁이, 수초

길이(cm)	산란기간	회유특성
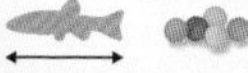		
8~12	4~8월	국지회유

입수염은 없다. 4~5번째 비늘에 옅은 반점이 있고 몸통엔 청록색 줄무늬가 있다. 뒷지느러미 가장자리는 검정색이다. 유속이 느린 하천의 수초가 있는 곳에 살며 산란기에 수컷의 주둥이엔 돌기가 미약하게 나타난다. 진흙 속에 사는 민물조개의 몸 속에 알을 낳는다.

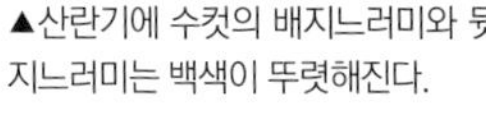

▲산란기에 수컷의 배지느러미와 뒷지느러미는 백색이 뚜렷해진다.

►산란 직전의 가시납지리 암컷과 팽창된 산란관.

▼가시납지리 알(上)과 가시납지리 유어(下)

▲참붕어. 돌고기와 닮았다. 환경에 잘 적응한다.

참붕어

False dace

Pseudorasbora parva

생활 : 저수지나 하천의 중층
먹이 : 부착조류, 수초, 수서곤충
국외 : 일본, 중국, 대만

길이(cm)	산란기간	회유특성

6~8	4~6월	국지회유

몸은 길고 옆으로 약간 납작하다. 각 비늘의 끝에 초승달 형태로 흑색소포가 밀집되어 있다. 산란기에 수컷은 입으로 돌 표면을 청소해 암컷이 알을 낳게 유도하고 알이 부화할 때까지 자리를 지킨다. 이때 주둥이 주변엔 뾰족한 돌기가 발달한다. 혼탁한 물에서도 잘산다.

▲돌고기. 무리지어 살며 돌 밑이나 바위틈에 알을 낳는다.

돌고기

Striped shinner

Pungtungia herzi

생활 : 하천의 중층
먹이 : 부착조류, 수서곤충
국외 : 일본, 중국

몸은 원통형에 가깝다. 윗입술의 양끝은 두툼하고 입수염은 1쌍이다. 주둥이 끝에서 꼬리지느러미 앞까지 검은색 줄무늬가 있다. 알을 보호 중인 다른 물고기의 산란장에 침입하여 알을 낳기도 한다. 큰 돌이나 자갈이 있는 곳에 모여 살며 '딱딱'하고 소리를 내기도 한다.

길이(cm)	산란기간	회유특성
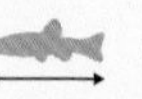		
7~10	4~6월	국지회유

▲부착조류를 먹는 어린 돌고기. 먹이를 먹을 때 소리를 낸다.

▼소집단을 이루며 다른 물고기의 산란장에 침입하여 알을 낳고 떠나기도 한다.

▲감돌고기. 금강과 만경강의 일부 수계에만 산다.

감돌고기

Black shinner

Pseudopungtungia nigra

고유종 I급

생활 : 하천의 중층
먹이 : 부착조류, 수서곤충

체형은 돌고기와 비슷하나 주둥이 끝이 둥글고 가슴지느러미를 제외한 각 지느러미에 줄무늬가 있다. 입수염은 1쌍이고 매우 짧다. 산란기에 수컷의 주둥이는 튀어나 오고 몸은 암갈색을 띤다. 돌고기, 가는돌고기처럼 꺽지의 산란장에 탁란하기도 한다.

길이(cm) 산란기간 회유특성

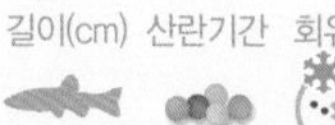

7~10 4~6월 국지회유

▲감돌고기 서식처. 전라북도 무주군 남대천

▲가는돌고기. 물이 맑은 곳에서 살며 꺽지의 알자리에 탁란하는 습성이 있다.

가는돌고기

Slender shinner

Pseudopungtungia tenuicorpa

고유종　Ⅱ급

생활 : 하천의 중층
먹이 : 부착조류, 수서곤충

몸은 가늘고 길며 원통형이다. 짧은 입수염이 1쌍 있다. 주둥이 끝에서 꼬리지느러미 앞까지 검은색 줄무늬가 있다. 아래로 향한 입으로 돌에 붙은 조류나 벌레를 쪼아 먹는다. 꺽지의 알자리에 알을 낳는 습성이 있다. 꺽지는 자신의 알과 함께 이들의 알을 지킨다.

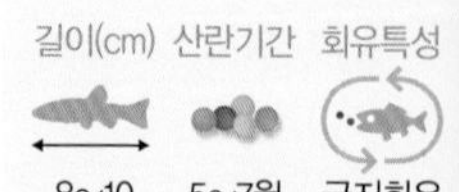

▲해질무렵 먹이활동을 하는 가는돌고기 무리

▶여울에서 쉬리와 함께 유영하는 가는돌고기

▼가는돌고기 치어

▲쉬리. 돌 틈의 쉬리. 물이 맑은 여울에서 산다.

쉬리

Korean shinner

Coreoleuciscus splendidus

고유종

생활 : 하천의 중층
먹이 : 수서곤충, 돌말

몸은 길며 원통형이다. 입수염은 없다. 지느러미마다 검은색의 점줄무늬가 있고 몸통엔 보라색, 하늘색, 갈색 등의 줄무늬가 있는데 서식하는 수계에 따라 조금씩 다르다. 산란기에 각각의 색은 짙어진다. 물이 맑고 자갈이 많은 여울에 모여 산다. 관상어로 인기가 높다.

길이(cm)	산란기간	회유특성
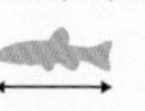		
10~15	4~5월	국지회유

▲물살에 밀리지 않도록 돌 위에서 짝지느러미를 펼쳐 몸의 균형을 잡고있다.

▶바위나 돌 표면에는 물고기의 먹이가 되는 수서곤충이 산다.

▼부착조류는 수서곤충과 함께 물고기들에게 좋은 먹이가 된다.

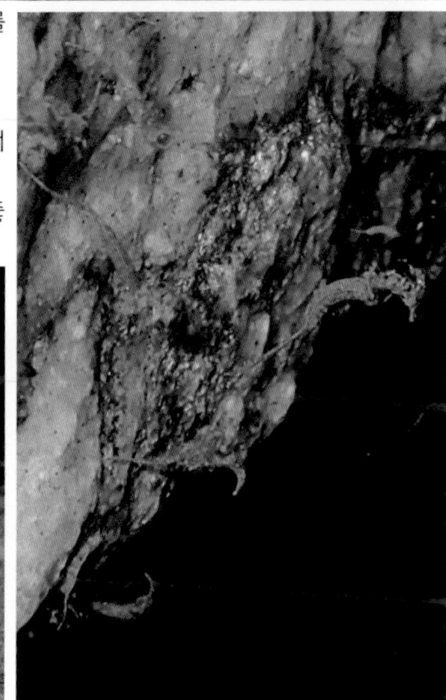

▲새미

새미

Ladislabia taczanowski

생활 : 하천의 중·하층
먹이 : 수서곤충, 부착조류
국외 : 중국

몸은 길며 옆으로 약간 납작하다. 입수염은 1쌍이다. 산란기에 수컷의 주둥이엔 돌기가 돋아나고 각 지느러미의 기부에는 빨간색이 나타난다. 수컷이 수직으로 선 자세에서 꼬리지느러미로 바닥의 모래나 잔자갈을 파헤쳐 작은 구덩이를 만들면 암컷이 알을 낳는다.

길이(cm)	산란기간	회유특성
10~12	8월	국지회유

▲참중고기 암컷. 복부의 짧은 산란관은 산란기 때 길어진다

참중고기

Oily shinner

Sarcocheilichthys variegatus wakiyae

고유종

생활 : 하천의 중 · 하층
먹이 : 수서곤충, 새우, 실지렁이

길이(cm) 산란기간 회유특성

8~10 4~6월 국지회유

몸은 길며 옆으로 납작하다. 입수염은 짧고 1쌍이다. 아가미 뒤에 청록색 무늬가 있고 몸 전체에 갈색 반점이 있다. 수컷의 주둥이 돌기는 산란기에 더욱 발달하고 눈과 아가미는 붉어진다. 각 지느러미는 서식지에 따라 붉거나 검푸르다. 크기가 작은 민물조개에 알을 낳는다.

▲산란기의 참중고기 수컷

▼누치(위)와 붕어(아래) 사이에서 유영하고 있는 참중고기

유속이 빠르지 않고 수초가 많은 참중고기 서식처

▲중고기. 꼬리지느러미 위·아래 경사면에 줄무늬가 있다.

중고기

Korean oily shinne

Sarcocheilichthys nigripinnis morii

고유종

생활 : 하천의 중·하층
먹이 : 수서곤충, 새우, 실지렁이

체형은 참중고기와 유사하다. 1쌍의 짧은 입수염이 있다. 꼬리지느러미 상·하단 경사면의 갈색 줄무늬는 참중고기와 구분되는 요소이다. 유속이 느리고 진흙과 모래, 자갈이 있는 곳에 살며 암컷은 산란관을 이용해 덩치가 작은 민물조개에 알을 낳는다.

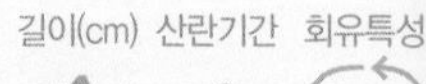

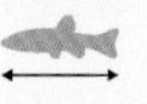

10~16 4~6월 국지회유

▲줄몰개. 몸통에 줄무늬가 있다.

줄몰개

Stripe false gudgeon

Gnathopogon strigatus

생활 : 하천의 중층
먹이 : 수서곤충,
동물성 플랑크톤
국외 : 중국

길이(cm) 산란기간 회유특성

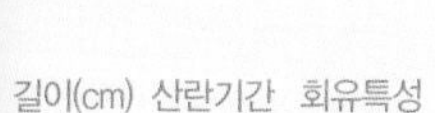

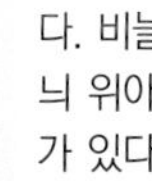

5~10 6~8월 (추정) 국지회유

몸은 길며 옆으로 납작하다. 아주 짧은 입수염이 1쌍 있다. 비늘은 금속성 광택이 난다. 몸통 중앙의 굵은 줄무늬 위아래로 흑색소포로 이어진 8~10열의 가는 줄무늬가 있다. 생태에 관해서는 알려지지 않았다. 유속이 느리고 모래와 진흙 이 있는 곳에 산다.

▲긴몰개. 입수염이 길다.

긴몰개

Korean slender gudgeon

Squalidus gracilis majimae

고유종

생활 : 하천의 상층
먹이 : 수서곤충, 새우

몸은 길며 옆으로 납작하다. 눈 지름만한 길이의 입수염이 1쌍이 있다. 등 쪽엔 짙은 갈색 반점이 많고 옆줄이 지나는 비늘에는 흑색소포가 밀집된 반점이 있다. 유속이 느린 곳의 물가 가까이에 모여 살며 수초에 산란한다.

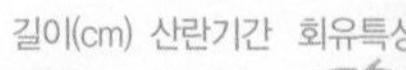

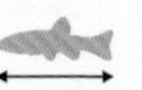

7~10

5~7월

국지회유

▲몰개. 긴몰개보다 체구가 크고 입수염은 짧다.

몰개

Short barbel gudgeon

Squalidus japonicus coreanus

고유종

생활 : 하천의 상층
먹이 : 수서곤충, 유기물, 동물성 플랑크톤

길이(cm) 산란기간 회유특성

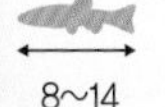

8~14 6~8월 국지회유

몸은 길며 옆으로 납작하다. 입수염의 길이는 눈 지름에 미치지 않고 1쌍이다. 옆줄이 지나는 비늘의 반점들은 긴몰개에 비해 축소되어 있고 등에는 반점이 없다. 유속이 느린 곳의 수초지대에 무리지어 살며 수초에 산란한다.

▲참몰개. 진짜 '몰개'라는 뜻을 가졌다.

참몰개

Korean gudgeon

Squalidus chankaensis tsuchigae

고유종

생활 : 하천의 상층
먹이 : 수서곤충, 식물질, 동물성 플랑크톤

체형은 몰개와 유사하다. 입수염의 길이는 눈지름보다 길고 1쌍이다. 옆줄이 지나는 비늘의 반점들은 몰개처럼 축소되어 있다. 등에는 반점이 없다. 수심이 얕고 유속이 느린 곳의 수초가 있는 곳에 무리지어 살며 수초에 산란한다.

길이(cm)	산란기간	회유특성
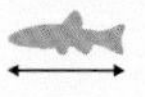		
8~14	6~8월	국지회유

▲참몰개

● 입수염으로 몰개류 구분하기

참몰개 : 입수염이 눈동자 지름보다 길다.
몰개 : 입수염이 눈동자 지름보다 짧다.
긴몰개 : 입수염이 눈동자 지름과 같다.

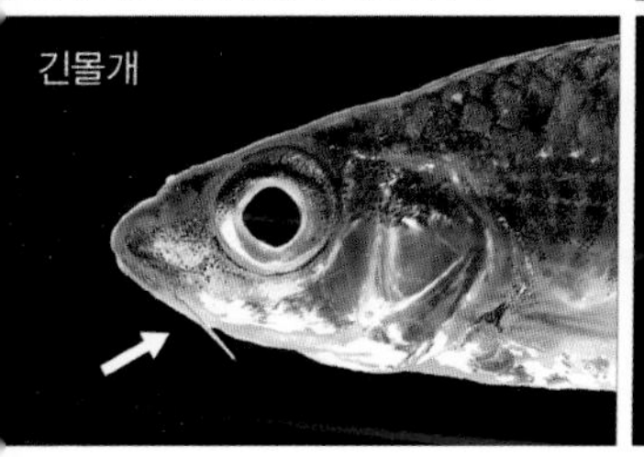

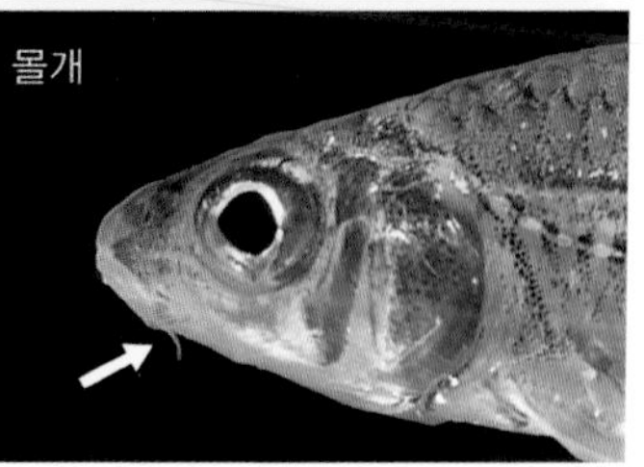

▲점몰개. 동해로 흘러드는 전 하천에 분포한다.

점몰개

Spotted barbel gudgeon

Squalidus multimaculatus

고유종

생활 : 하천의 상층
먹이 : 조류

몸은 길며 옆으로 납작하다. 입수염은 1쌍이다. 옆줄이 지나는 비늘에는 흑색소포가 밀집된 반점이 있고 그 위로 여러 개의 타원형의 반점이 6~12개 있다. 물이 맑고 유속이 느린 하천의 모래나 자갈이 있는 곳에 산다. 동해안의 전 수계에서 출현한다.

길이(cm) 산란기간 회유특성

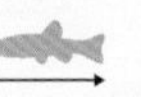

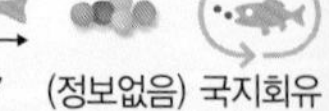

5~7 (정보없음) 국지회유

▲몸통에 점줄 무늬가 있다.

▼몸통 중앙의 점무늬의 배열은 개체마다 다르게 나타난다.

▲누치

누치

Steed barbel

Hemibarbus labeo

생활 : 하천의 중·하층
먹이 : 수서곤충, 돌말, 새우, 작은 물고기
국외 : 일본, 중국, 베트남

몸은 길며 원통형이다. 튀어나온 주둥이엔 1쌍의 입수염이 있다. 몸통의 반점은 성어가 되면 없어진다. 모래나 자갈이 깔린 곳의 바닥 근처에서 생활하며 모래 속을 파헤쳐 먹이를 얻기도 한다. 산란기엔 집단을 이뤄 모래나 자갈 위에 알을 낳는다.

길이(cm)	산란기간	회유특성
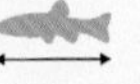		
25~60	4~6월	국지회유

▲바닥 가까이에서 유영하면서 모래속을 파헤쳐 먹이를 얻기도 한다. 오염에도 잘 견딘다

◀몸통에 있는 반점은 다 자라면 없어진다.

▼다 자란 누치. '눈치'라고 부르기도 한다.

▲참마자. '매자'라고 부르기도 한다.

참마자

Long nose barbel

Hemibarbus longirostris

생활 : 하천의 중 · 하층
먹이 : 수서곤충, 부착조류
국외 : 일본, 중국

체형은 누치와 유사하고 입수염은 1쌍이다. 몸 전체에 작은 반점이 있고 중앙에는 눈동자만한 반점이 8~10개 있다. 등지느러미와 꼬리지느러미에는 줄무늬가 있다. 물이 맑은 여울이나 주변의 소(沼)에 살며 모래나 자갈 위에 알을 낳는다.

길이(cm)	산란기간	회유특성
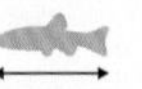		
15~30	4~6월	국지회유

▲어린 참마자.

▼몸통에 작은 반점이 있고 지느러미에 짧은 줄무늬가 있어 누치와 구분된다.

▲어름치. 자갈을 물어다 산란탑을 쌓는 것으로 유명하다.

어름치

Korean spotted barbel

Hemibarbus mylodon

고유종 천 제238호(금강) 제259호

생활 : 하천의 중·하층
먹이 : 수서곤충, 새우, 다슬기

원통형이고 입수염은 1쌍이다. 작은 반점이 많고 등지느러미, 뒷지느러미, 꼬리지느러미엔 줄무늬가 있다. 암컷은 산란기에 여울가의 바닥에 구덩이를 파서 알을 낳고, 수컷이 방정하면 돌과 모래를 물어다 알을 덮는다. 그 위에 몇 차례 더 산란하여 높이 20cm 정도의 돌탑을 만든다.

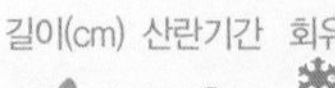
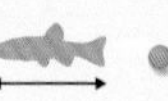

길이(cm)	산란기간	회유특성
20~45	4~5월	국지회유

▲어린 어름치

▼갓 부화한 어름치(上)와 산란탑(下)

©이완옥

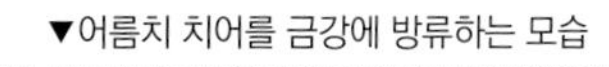

▼어름치 치어를 금강에 방류하는 모습

▲모래무지. 모래바닥을 파헤쳐 먹이를 얻는다.

모래무지

Goby minnow

Pseudogobio esocinus

생활 : 하천의 저층
먹이 : 수서곤충, 작은 동물
국외 : 일본, 중국

몸은 길며 원통형이다. 1쌍의 입수염이 있다. 몸통에 크고 작은 반점이 있다. 뾰족하게 튀어나온 입으로 모래를 빨아들여 먹이를 섭취하고 모래는 아가미를 통해 배출한다. '바닥청소부'란 별명이 있다. 모래 속에 눈만 내밀고 숨어있기도 하며 모래바닥에 알을 낳는다.

길이(cm) 산란기간 회유특성

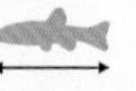

15~30 5~7월 국지회유

▲모래바닥에서 가슴지느러미와 배지느러미를 활짝펴고 조금씩 앞으로 이동한다.

▼작은 무리를 이뤄 생활하고 모래바닥에 알을 낳는다.

▲버들매치. 모래무지보다 몸통이 짧고 주둥이가 뭉툭하다.

버들매치

Chinese false gudgeon

Abbottina rivularis

생활 : 하천의 저층
먹이 : 실지렁이, 수서곤충, 식물씨앗
국외 : 일본, 중국

몸은 원통형이고 입수염은 1쌍이다. 큰 반점이 7~9개 있고 복부 위로 작은 반점들이 있다. 지느러미엔 줄무늬가 가지런하다. 산란기에 수컷은 진흙에 구덩이를 만들어 암컷을 유인해 알을 낳게 하고 알을 지킨다. 이때 수컷의 턱과 가슴지느러미에는 톱니 같은 돌기가 난다.

길이(cm)	산란기간	회유특성
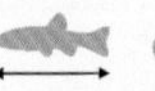		
8~15	4~6월	국지회유

▲왜매치. 산란전의 암컷

Korean dwarf gudgeon

왜매치

Abbottina springeri

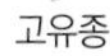

고유종

생활 : 하천의 저층
먹이 : 수서곤충, 유기물

길이(cm)	산란기간	회유특성
6~8	4~7월	국지회유

몸은 원통형이고 짧은 입수염이 1쌍 있다. 등과 몸 중앙에 커다란 반점이 있고 복부 위로는 작은 반점들이 있다. 지느러미 줄무늬는 불규칙하다. 산란기에 수컷의 주둥이와 가슴지느러미에 돌기가 발달하고 몸 색깔은 어두워진다. 버들매치보다 크기가 작다.

▲꾸구리. 담수어 중 유일하게 눈의 피막을 조절하여 투과되는 빛의 양을 조절한다.

꾸구리

Kku-gu-ri

Gobiobotia macrocephala

고유종 Ⅱ급

생활 : 하천(여울)의 저층
먹이 : 수서곤충

몸은 원통형이고 입수염은 4쌍이다. 가슴지느러미 기조는 크고 강하다. 등지느러미 뒤로 3마디의 흑갈색 무늬가 있다. 담수어 중 유일하게 빛의 양에 따라 눈의 피막을 좌우로 여닫는데 마치 고양이의 눈 같다. 물이 맑고 유속이 빠른 여울에 살며 자갈 틈에 알을 낳는다.

길이(cm)	산란기간	회유특성
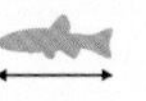		
7~12	4~6월	국지회유

▲여울의 빠른 물살을 헤치고 자갈 틈을 옮겨다닌다.

▶빛의 양에 따라 눈의 피막을 좌우로 조절한다. 어두울 때의 꾸구리 눈

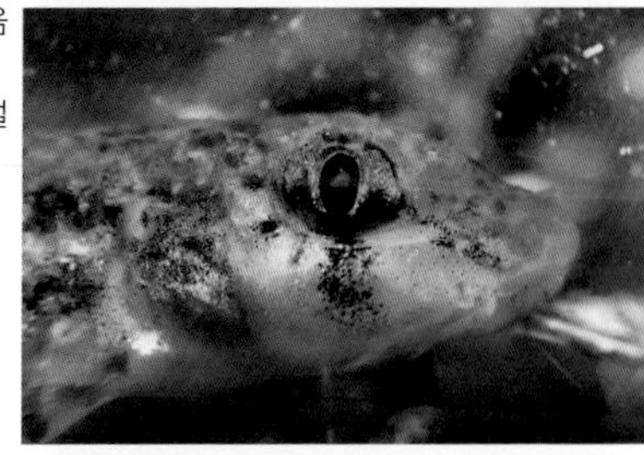

▶여울의 자갈층 하부는 유속이 현저히 감소된다. 여울에서 사는 꾸구리를 비롯한 수중생물은 여러 층으로 쌓여진 자갈 밑에 머문다.

▲물이 맑고 자갈이 깔린 꾸구리 서식처

▲돌상어. 여울의 돌 틈을 날렵하게 옮겨 다닌다.

돌상어

Dol-sang-o

Gobiobotia brevibarba

고유종 Ⅱ급

생활 : 하천(여울)의 저층
먹이 : 수서곤충

몸은 원통형이고 짧은 입수염이 4쌍 있다. 크고 강한 가슴지느러미 기조는 여울의 빠른 물살을 헤치며 유영하기에 알맞다. 등과 몸통 중앙에는 짙은 갈색 반점이 있다. 물이 맑고 유속이 빠른 여울에서 꾸구리와 같이 살며 돌 밑에 알을 낳는다.

길이(cm) 산란기간 회유특성

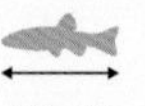

10~13 4~6월 국지회유

▲유속이 빠른 여울에서 산다. 꾸구리와 서식처가 겹친다.

▼돌 틈에 있는 돌상어. 꾸구리보다 유속이 빠르고 깊은 곳에 산란한다.

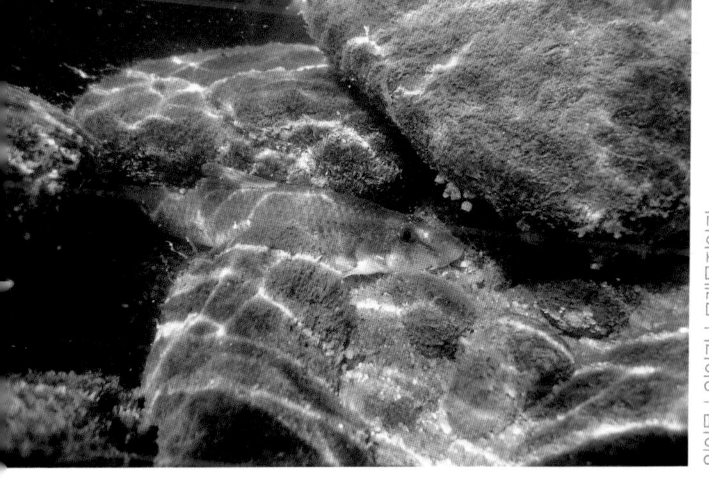

▲흰수마자. 길고 흰 수염을 가지고 있다.

흰수마자

Hin-su-ma-ja

Gobiobotia nakdongensis

고유종 I급

생활 : 하천의 저층
먹이 : 수서곤충

몸은 원통형이다. 길고 흰 입수염이 4쌍 있어 '흰수마자'라는 이름이 붙었다. 등과 몸통 중앙에는 짙은 갈색과 흰색 반점이 있다. 유속이 빠르지 않고 잔모래와 자갈이 있는 여울의 아래쪽에 산다. 눈동자를 좌우로 잘 굴린다. 생태에 관해서는 알려지지 않았다.

길이(cm) 산란기간 회유특성

6~10 6월(추정) 국지회유

▲모래주사. 섬진강과 낙동강 일부 수계에만 산다.

모래주사

Microphysogobio koreensis

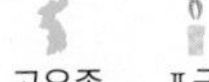
고유종 Ⅱ급

생활 : 하천(여울)의 저층
먹이 : 부착조류

길이(cm) 산란기간 회유특성

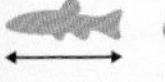

8~10 4~5월 국지회유

몸은 원통형이다. 입수염은 1쌍이다. 등과 몸통의 중앙에 짙은 갈색 반점이 있다. 복부엔 비늘이 있다. 유속이 빠른 여울에 살며 산란기에 암컷이 자갈 틈을 파고 들어가 알을 낳으면 뒤 따르던 여러 마리의 수컷들이 방정을 하여 수정시킨다.

▲돌마자. 동해안을 제외한 전국에 분포한다.

돌마자

Microphysogobio yaluensis

고유종

생활 : 하천의 저층
먹이 : 부착조류, 수서곤충, 유기물

몸은 길고 원통형이다. 입수염은 1쌍이다. 등과 몸통의 중앙에 짙은 갈색 반점이 있다. 복부엔 비늘이 없다. 유속이 느리고 모래와 자갈이 깔린 곳에 산다. 산란기에 수컷의 몸은 검은색이 되고 주둥이와 가슴지느러미 안쪽은 붉어진다. 돌이나 수초의 틈새에 알을 낳는다.

길이(cm)	산란기간	회유특성

5~12	5~7월	국지회유

▲모래와 자갈이 있는 곳의 바닥에 생활한다.

▼먹이 활동을 하고있는 돌마자. 부착조류와 수서곤충이 주식이다.

▲여울마자. 물이 빠르게 흐르는 여울에 산다.

여울마자

Microphysogobio rapidus

생활 : 하천의 저층
먹이 : 돌마자와 유사 추정

몸은 원통형이다. 입수염은 1쌍이다. 등과 몸통 중앙에 갈색 반점이 있다. 복부엔 비늘이 없다. 유속이 빠르고 모래와 자갈이 깔린 곳에 산다. 산란기에 수컷의 몸은 노란색이 되고 몸통의 반점은 초록색을 띤다. 아가미는 파란색 광택을 띤다. 산란행동은 알려지지 않았다.

길이(cm)	산란기간	회유특성
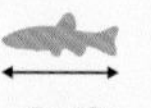		
5~10	4~7월 (추정)	국지회유

▲됭경모치. 유속이 느린 곳에서 산다.

됭경모치

Microphysogobio jeoni

고유종

생활 : 하천의 저층
먹이 : 부착조류, 수서곤충

길이(cm)	산란기간	회유특성
7~10	5~7월 (추정)	국지회유

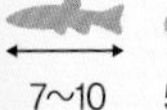

몸은 길고 원통형이다. 입수염은 1쌍이다. 몸통 중앙에 있는 반점은 짙은 갈색이고 등의 반점은 희미하다. 옆줄 위쪽의 비늘은 마름모 모양이다. 복부엔 비늘이 있다. 유속이 느리고 모래가 깔린 곳에 산다. 생활사는 알려지지 않았다.

▲배가사리. 금강에 서식한다고 알려졌으나 1987년 이후 발견된 기록이 없다.

배가사리

Microphysogobio longidorsalis

고유종

생활 : 하천의 저층
먹이 : 부착조류, 수서곤충

몸은 길고 앞 쪽이 굵다. 입수염은 1쌍이다. 등지느러미는 커서 마치 부채를 펼친 것 같다. 몸통 중앙과 등쪽에 짙은 갈색 반점이 있다. 복부에 비늘이 있다. 유속이 빠른 여울에 살며 바닥의 돌과 자갈에 알을 낳는다. 모래주사 속(屬)의 물고기 중에 몸집이 가장 크다.

길이(cm)	산란기간	회유특성
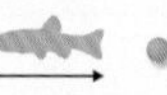		
8~15	5~7월	국지회유

부착조류 먹고 있는 배가사리. 입술로 돌 표면을 갉은 흔적이 보인다.

일몰 직전 먹이활동에 나선 배가사리

▲두우쟁이. 큰 강의 하류에 살다가 중류로 올라와 알을 낳는다.

두우쟁이

Chinese gudgeon

Saurogobio dabryi

생활 : 하천의 저층
먹이 : 부착조류, 수서곤충
국외 : 중국, 러시아 동북부, 베트남

몸은 아주 길고 원통형이다. 입수염은 1쌍이다. 등지느러미는 몸통의 앞쪽에 있다. 몸통 중앙에 암청색의 반점이 있고 등 쪽에는 갈색 반점이 있다. 큰 강이나 내의 하류에 살며 산란기엔 알을 낳기 위해 집단으로 중류 쪽으로 이동한다. 이때 수컷의 몸은 붉은색을 띤다.

길이(cm)	산란기간	회유특성
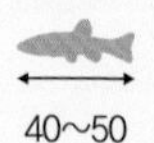		
40~50	4월	국지회유

▲황어. 동해와 남해로 흐르는 하천에 분포한다.

황어

Sea rundace

Tribolodon hakonensis

생활 : 하천의 중층
먹이 : 부착조류, 수서곤충, 작은 물고기
국외 : 일본, 러시아 동북부

길이(cm)	산란기간	회유특성
25~40	3~5월	소하회유

몸은 길고 옆으로 납작하다. 입수염은 없고 비늘은 작다. 바다에서 살다가 산란기에 하천을 거슬러 올라온다. 이때 암수 공통으로 몸의 색깔은 검은색이 되며 황색 띠가 나타난다. 자갈이나 모래 바닥에 집단으로 알을 낳으며 부화한 새끼 중 일부는 하천에 남는다.

▲연준모치. 한강과 임진강 상류에 분포한다.

연준모치

Minnov

Phoxinus phoxinus

생활 : 하천의 중·하층
먹이 : 수서곤충, 부착조류, 소형갑각류
국외 : 중국, 러시아, 유럽

몸은 유선형이다. 몸통 중앙에 배열된 반점위로 황색 줄무늬가 있다. 물이 맑고 돌과 자갈이 있는 곳에 모여 산다. 산란기에 암수 모두 주둥이 주변에 돌기가 난다. 암컷이 자갈 틈에 알을 낳으면 뒤 이어 수컷들이 방정한다. 수온 20℃ 이하의 찬물에서만 산다.

길이(cm)	산란기간	회유특성

6~8	4~5월	국지회유

▲두만강 수계에서 채집된 연준모치

▼상류의 물이 맑고 차가운 연준모치 서식처. 연준모치는 고온에 잘 적응하지 못한다.

▲ 버들치. 우리나라 전역의 상류 하천에 분포한다.

버들치

Chinese minnow

Rhynchocypris oxycephalus

생활 : 하천의 중 · 하층
먹이 : 수서곤충, 부착조류, 소형갑각류
국외 : 일본, 중국

몸은 유선형이다. 작은 반점이 흩어져 있다. 산란기에 수컷의 머리엔 작은 돌기가 생긴다. 돌 틈을 민첩하게 헤엄쳐 다니며 모래와 자갈이 깔린 곳에서 암수가 집단으로 산란한다. 산간의 계류에 주로 살지만 중류나 댐, 저수지 등의 다양한 환경에 적응하여 산다.

길이(cm)	산란기간	회유특성
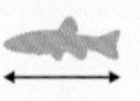		
6~12	4~5월	국지회유

▲무언가에 놀라면 낙엽이나 돌 밑으로 재빠르게 은신한다.

▼수초 그늘 아래 모여있는 버들치 무리.

▲버들치 서식처. 물이 맑은 상류에서 주로 살지만 중·하류까지 널리 적응하여 산다.

▲버들개. 몸통에 검은 줄무늬가 있다.

버들개

Amur minnow

Rhynchocypris steindachneri

생활 : 하천의 중·하층
먹이 : 수서곤충, 부착조류, 소형갑각류
국외 : 일본, 중국

체형은 버들치와 매우 유사하다. 몸통 중앙에는 암갈색의 줄무늬가 꼬리지느러미 앞까지 있고 온몸엔 작은 반점이 흩어져있다. 물이 차고 깨끗한 곳에 모여 살며 산란기에 유속이 느린 여울부에 알을 낳는다. 강릉 남대천과 그 이북 하천, 임진강 일부 수계의 상류에 산다.

길이(cm)	산란기간	회유특성
12	4~6월	국지회유

▲금강모치. 금강산에서 처음 발견되었다.

금강모치

Kumkang fat minnow

Rhynchocypris kumgangensis

고유종

생활 : 하천의 중 · 하층
먹이 : 수서곤충, 육상곤충, 부착조류, 소형갑각류

길이(cm) 산란기간 회유특성

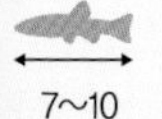

7~10 4~5월 국지회유

몸은 유선형이다. 몸통 중앙에 황금색과 주황색 줄무늬가 있다. 주황색의 줄무늬는 산란기에 더 뚜렷해진다. 암컷이 자갈을 파고 들어가 알을 낳으면 여러 마리의 수컷들이 방정을 한다. 금강산에서 처음 발견되었다고 해서 '금강모치'라고 한다.

▲왜몰개. 동해안 수계를 제외한 하천에 산다.

왜몰개

Venus fish

Aphyocypris chinensis

생활 : 하천의 상층
먹이 : 수서곤충, 육상곤충, 장구벌레, 소형갑각류
국외 : 일본, 중국, 대만

몸은 작고 옆으로 납작하다. 입은 위를 향해있다. 몸통 중앙에 짙은 갈색 줄무늬가 있다. 유속이 느린 소하천이나 농수로 웅덩이 등에 모여 살며 송사리나 버들붕어와 함께 발견되기도 한다. 수초에 알을 붙인다. 체구가 작아 이름 앞에 '왜(矮)' 자가 붙었다.

길이(cm)	산란기간	회유특성
 4~6	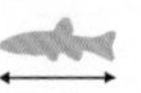 5~6월	 국지회유

▲갈겨니. 눈동자에 반원형의 빨간색 무늬가 있다.

갈겨니

Dark chub

Zacco temminckii

생활 : 하천의 중 · 상층
먹이 : 수서곤충, 육상곤충, 부착조류
국외 : 일본

길이(cm)	산란기간	회유특성

10~17	5~8월	국지회유

몸은 길고 옆 으로 납작하다. 눈에 빨간색의 반원 무늬가 있고 몸통 중앙엔 흑갈색의 줄무늬가 있다. 산란기에 수컷의 턱에는 단단한 돌기가 나고 뒷지느러미가 커진다. 유속이 빠르지 않은 곳에 살며 자갈 위에 암수가 집단으로 산란한다.

▲참갈겨니. 전국 대부분의 하천에 분포한다.

참갈겨니

Korean chub

Zacco koreanus

고유종

생활 : 하천의 중·상층
먹이 : 수서곤충, 육상곤충, 부착조류

체형은 갈겨니와 매우 유사하다. 눈에 빨간색 반원 무늬는 없고 비늘은 갈겨니보다 수가 적으며 체색은 노란색이 현저하다. 갈겨니보다 유속이 빠른 상류에 산다. 출현하는 수계별로 상이한 지느러미 무늬를 근거로 3가지 타입(HK, NS, NE)으로 세분하기도 한다.

길이(cm)	산란기간	회유특성

13~20	6~8월	국지회유

▲유속이 빠른 곳에서 부착조류나 수서곤충, 수면으로 낙하하는 육상곤충을 먹고 산다. 눈이 검고 복부가 노랗다.

◀유속이 감속된 바위 뒤에 모여있는 참갈겨니

▼여울부에 형성된 소(沼)에서 집단을 이루고 있다.

▲여울 주변의 소(沼)에서 성장하는 참갈겨니 치어

▲피라미 수컷. 산란기에 뒷지느러미가 커진다.

피라미

Pale chub

Zacco platypus

생활 : 하천의 중 · 상층
먹이 : 수서곤충, 부착조류
국외 : 일본, 중국, 대만

몸은 길고 옆으로 납작하다. 눈 상단에 빨간색 무늬가 있다. 몸통의 바탕은 푸른 갈색이다. 산란기에 수컷의 턱은 검은색을 띠며 단단한 돌기가 돋고 뒷지느러미는 풍성해진다. 유속이 빠르지 않은 곳에 살며 여울가의 자갈 틈에 집단으로 산란한다.

길이(cm) 산란기간 회유특성

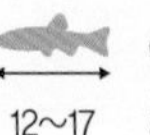

12~17 5~8월 국지회유

▲피라미 암컷. 뒷지느러미가 작다.

▼햇살이 비치는 곳에서 겨울을 나고있는 피라미 유어 집단.

▲끄리. 탐식성이 강해 아무거나 잘 먹는다.

끄리

Korean piscivorous chub

Opsarichthys uncirostris amurensis

생활 : 하천의 중·상층
먹이 : 수서곤충, 갑각류, 중소형 물고기
국외 : 중국, 러시아

체형은 피라미와 매우 유사하다. 눈 상단에 빨간색 무늬가 있고 입은 크며 굴곡이 있다. 몸은 푸른 갈색이다. 산란기에 수컷의 머리와 뒷지느러미에 돌기가 나타난다. 여울의 자갈 틈에 알을 낳는다. 어릴 땐 수서곤충을 먹고 성어가 되면 갑각류나 물고기 등을 먹는다.

길이(cm)	산란기간	회유특성
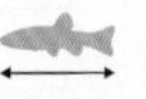		
20~40	5~7월	국지회유

▲눈불개. 눈동자가 붉어서 '눈불개'라 부른다.

눈불개

Squaliobarbus curriculus

생활 : 하천의 중 · 상층
먹이 : 수서곤충, 부착조류, 물고기 알
국외 : 중국

길이(cm)	산란기간	회유특성
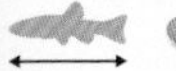 30~50	 6~8월	국지회유

몸은 길고 원통형이다. 짧은 입수염이 1쌍 있다. 몸통의 바탕은 옅은 갈색이다. 비늘 끝에 검은 색소포가 있어 여러개의 줄무늬를 형성한다. 단독으로 생활하다가 산란기엔 집단을 이루며 산란이 끝나면 흩어진다. 눈이 붉어서 '눈불개'라는 이름이 붙었다.

▲어린 강준치. 성어가 되면 길이가 1m 가까이 자라기도 한다.

강준치

skygager

Erythroculter erythropterus

생활 : 하천의 상층
먹이 : 수서곤충, 육상곤충, 갑각류, 어린 물고기
국외 : 중국, 대만

몸은 길고 옆으로 매우 납작하다. 입은 위로 경사졌다. 복부에 칼날 같은 돌기가 있다. 꼬리지느러미 하단이 길다. 수량이 많고 유속이 느린 큰 강의 하류나 댐호 등의 수면 가까이에 산다. 담수어로는 대형종에 속하며 1m가 넘는 것들이 낚시로 잡히기도 한다.

길이(cm)	산란기간	회유특성

40~50	5~7월	국지회유

▲치리. 비늘에 은빛 광택이 있다.

Korean sharpbelly

치리

Hemiculter eigenmanni

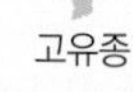

고유종

생활 : 하천의 상층
먹이 : 수서곤충, 작은 동물, 식물의 씨앗

길이(cm)	산란기간	회유특성
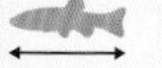		
15~20	6~7월	국지회유

몸은 길고 옆으로 매우 납작하다. 입은 작고 복부에 칼날 같은 돌기가 있다. 꼬리지느러미 하단 길이가 길다. 유속이 느리거나 정체된 곳의 수면 가까이에 무리지어 산다. 모래바닥이나 수초에 알을 붙인다. 유사종으로는 '살치'가 있다.

▲대륙종개. 여울의 자갈 틈에 산다. 강원도 삼척 마읍천에도 분포한다.

대륙종개

Continental Stone Loach

Orthrias nudus

생활 : 하천의 저층
먹이 : 수서곤충의 유충, 돌말
국외 : 중국

몸은 가늘고 길며 원통형이다. 3쌍의 입수염이 있다. 몸통의 바탕색은 황갈색이고 짙은 갈색의 얼룩무늬가 있다. 산란기에 수컷의 아가미와 가슴지느러미에 추성인 돌기가 밀집된다. 유속이 빠르고 돌과 자갈이 깔린 곳에 살며 영서 및 영남 지역의 수계에 분포한다. 자갈바닥에 알을 낳는다.

길이(cm)	산란기간	회유특성
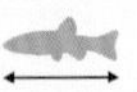		
12~20	4~5월	국지회유

▲영동 북부 수계에 사는 종개보다 몸통의 얼룩무늬가 조밀하다.

▼대륙종개 서식처. 유속이 빠르고 돌과 자갈이 많다.

▲종개. 동해안 북부 수계에 산다.

종개

Siberian stone loach

Orthrias toni

생활 : 하천의 저층
먹이 : 수서곤충의 유충
국외 : 일본, 러시아

몸은 가늘고 길며 원통형이다. 3쌍의 입수염이 있다. 몸통의 얼룩무늬는 대륙종개에 비해 조밀하지 않다. 산란기에 수컷의 아가미와 가슴지느러미에 추성이 나타난다. 물이 맑고 유속이 빠른 여울의 돌틈에 산다. 강릉 남대천 이북의 하천에 분포한다.

길이(cm)	산란기간	회유특성
10~15	5~7월	국지회유

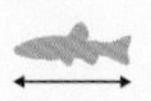

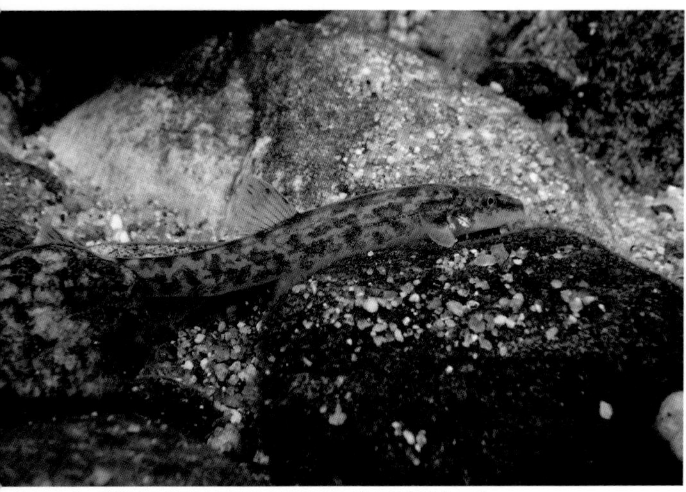

▲얼룩무늬는 개체마다 변이가 있지만 대체적으로 대륙종개 보다 크다.

▼돌 사이를 옮겨다니며 수서곤충의 유충을 먹고산다.

▲쌀미꾸리 수컷.

쌀미꾸리

Eight barbel loach

Lefua costata

생활 : 하천의 저층
먹이 : 수서곤충, 식물의 씨앗
국외 : 중국, 러시아

몸은 길고 원통형이다. 입수염은 4쌍이다. 수컷의 몸통 중앙에는 짙은 갈색 줄무늬가 있다. 암컷은 짙은 갈색 반점이 조밀하며 체구는 수컷보다 크다. 수초가 많고 바닥에 진흙이나 펄이 있는 곳에 산다. 이른 아침에 산란을 하며 수초에 알을 붙인다.

길이(cm) 산란기간 회유특성

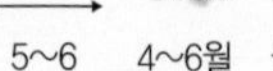

5~6 4~6월 국지회유

▲쌀미꾸리 암컷. 수컷보다 크고 몸통 중앙의 줄무늬는 없다.

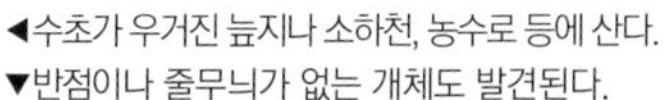

◀수초가 우거진 늪지나 소하천, 농수로 등에 산다.
▼반점이나 줄무늬가 없는 개체도 발견된다.

▲미꾸리. 하천 중류에서도 산다.

미꾸리

Muddy loach

Misgurnus anguillicaudatus

생활 : 하천의 저층
먹이 : 수서곤충의 유충, 조류, 유기물
국외 : 일본, 중국

몸은 길고 원통형이다. 입수염은 3쌍이다. 아랫입술에 긴 돌기가 2쌍이 있다. 수컷의 가슴지느러미는 골질반이 있어 암컷보다 길다. 진흙이 있는 곳에 살며 수컷이 암컷의 몸을 휘감아 알을 낳게 한다. 물속에 산소가 희박하면 입으로 공기를 들이마셔 장으로 호흡한다.

길이(cm) 산란기간 회유특성

10~17 6~7월 국지회유

▲수중에 산소가 부족하면 수면으로 올라와 입으로 공기를 흡입한다. 공기 중 산소는 장에서 흡수하고 나머지는 항문으로 내보낸다. 이때 공기방울이 방출된다. '미꾸리'란 이름은 그 모습을 보고 '밑이 구리다'라고 한 것에서 비롯되었다고 한다.

▶미꾸라지보다 몸이 통통하다.
▼미꾸리의 수염과 가슴지느러미. 4쌍의 입수염은 감각과 미각을 담당한다. 끝이 뾰족한 가슴지느러미는 미꾸리과 수컷 물고기의 특징이다.

▲미꾸라지. 소하천이나 농수로, 논 등 바닥에 진흙이 깔린 곳에 산다.

미꾸라지

Chinese muddy loach

Misgurnus mizolepis

생활 : 하천의 저층
먹이 : 수서곤충의 유충, 조류, 유기물
국외 : 중국, 대만

미꾸리보다 옆으로 좀 더 납작하고 입수염은 길다. 입수염은 3쌍, 아랫입술의 돌기는 2쌍이다. 수컷의 가슴지느러미는 암컷보다 길다. 진흙이나 펄이 있는 곳에 산다. 산란행동이나, 아가미호흡과 장호흡을 병행하는 것은 미꾸리와 같다. 미꾸리와 함께 보양식으로 이용된다.

길이(cm)	산란기간	회유특성
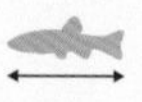		
20	6~7월	국지회유

미꾸리보다 수염이 길다.

항문으로 공기 방울이 배출되는 모습. 수면 위
서 공기를 흡입한 뒤 모세혈관이 분포하는 창
· 벽에서 산소가 흡입되면 나머지 공기는 물속
로 바로 방출한다. 수중에 산소가 부족하면 자
· 수면으로 올라와 공기를 들이 마신다.
길이가 짧고 끝이 둥근 미꾸라지 암컷의 가슴
느러미

▲참종개. 몸통에 길고 뾰족한 무늬가 배열되어 있다.

참종개

Korean spine loach

Iksookimia koreensis

고유종

생활 : 하천의 저층
먹이 : 수서곤충, 부착조류

몸은 길고 옆으로 조금 납작하다. 입수염은 3쌍이다. 수컷의 가슴지느러미는 암컷보다 길고 뾰족하다. 몸통은 옅은 황색이고 고드름 모양의 무늬가 있다. 여울과 주변의 모래와 자갈이 있는 곳에 살며 모래를 걸러 섭식한다. 수컷이 암컷의 몸을 감아 알을 낳도록 조인다.

길이(cm)	산란기간	회유특성
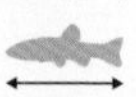 10~18	 5~6월	국지회유

▲돌 틈에서 먹이활동을 하는 참종개

▼참종개는 우리나라 어류학자에 의해 고유 신종으로 처음 기록된 물고기이다.

▲참종개 서식처. 환경 오염과 난개발로 천혜의 서식처는 드물게 유지되고 있다.

▲부안종개. 전라북도 부안에서 처음 발견되었다.

부안종개

Buan spine loach

Iksookimia pumila

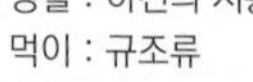

생활 : 하천의 저층
먹이 : 규조류

몸은 길고 옆으로 조금 납작하다. 입수염은 3쌍이고 수컷의 가슴지느러미는 암컷보다 길다. 몸통은 밝은 황색이고 옆줄을 따라 Ⅰ자 모양의 무늬가 있다. 유속이 느리고 자갈과 모래가 있는 곳에 살며 수컷이 암컷의 몸을 감아 알을 낳도록 조인다. 부안 백천에서만 산다.

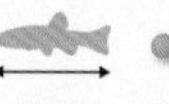

▲돌 위의 부안종개. 전라북도 부안의 변산반도 국립공원을 흐르는 백천에서만 산다.

▶부안종개 서식처인 부안의 백천

▼수컷의 가슴지느러미와 입수염

▲미호종개. 충청북도의 미호천 수계에서 처음 발견되었다.

미호종개

Miiho spine loach

Iksookimia choii

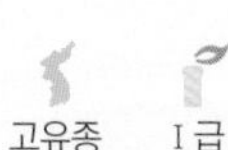

고유종 Ⅰ급 제454호 제533호 (서식지)

생활 : 하천의 저층
먹이 : 규조류

몸의 앞부분은 굵다. 입수염은 3쌍이다. 수컷의 가슴지느러미는 길다. 몸통은 옅은 황색이고 옆줄을 따라 삼각형과 반원형 무늬가 있다. 잔모래 속에서 생활한다. 산란은 새벽에 하며 수컷이 암컷의 몸을 감아 조여 알을 낳도록 한다. 금강 지류인 미호천 인근에서만 산다.

길이(cm)	산란기간	회유특성
7~12	5~6월	국지회유

▲유속이 느리고 잔모래가 많은 미호종개 서식처.

▲왕종개. 아가미 뒤 1~2번째 무늬의 색이 짙다.

왕종개

King spine loach

Iksookimia longicorpa

고유종

생활 : 하천의 저층
먹이 : 수서곤충

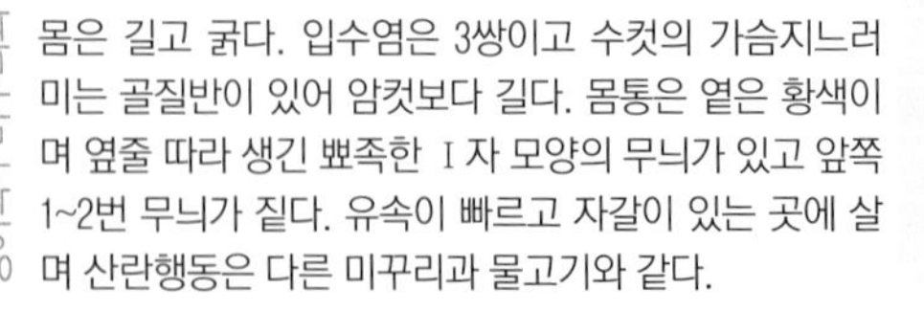

몸은 길고 굵다. 입수염은 3쌍이고 수컷의 가슴지느러미는 골질반이 있어 암컷보다 길다. 몸통은 옅은 황색이며 옆줄 따라 생긴 뾰족한 I 자 모양의 무늬가 있고 앞쪽 1~2번 무늬가 짙다. 유속이 빠르고 자갈이 있는 곳에 살며 산란행동은 다른 미꾸리과 물고기와 같다.

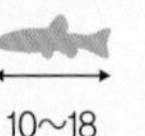

10~18 5~7월 국지회유

▲왕종개 서식처.

▲남방종개. 참종개속(屬)과 기름종개속 구분에 무늬와 출현지역을 참고한다.

남방종개

Southern king spine loach

Iksookimia hugowolfeldi

고유종

생활 : 하천의 저층
먹이 : 수서곤충

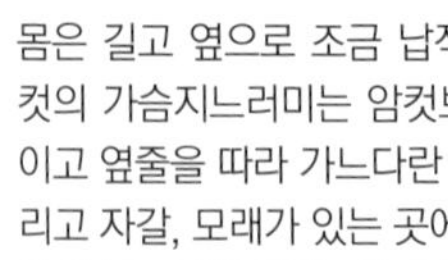

몸은 길고 옆으로 조금 납작하다. 입수염은 3쌍이고 수컷의 가슴지느러미는 암컷보다 길다. 몸통은 옅은 황색이고 옆줄을 따라 가느다란 수직 무늬가 있다. 유속이 느리고 자갈, 모래가 있는 곳에 살며 산란행동은 다른 미꾸리과 물고기와 같다. 서남부쪽 수계에 분포한다.

길이(cm) 산란기간 회유특성

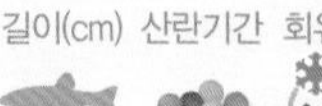

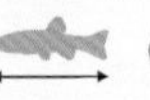

10~15 5~6월 국지회유

▲동방종개. 역삼각형의 무늬가 있다. 동해남부 수계에 산다.

동방종개

Eastern spine loach

Iksookimia yongdokensis

고유종

생활 : 하천의 저층
먹이 : 수서곤충, 조류

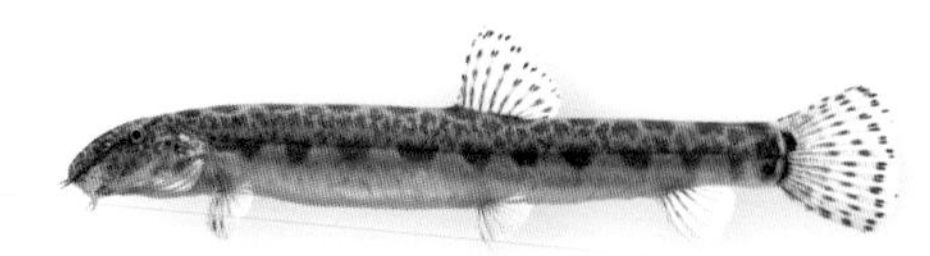

길이(cm)	산란기간	회유특성
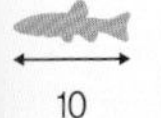 10	6~7월 (추정)	국지회유

몸은 길고 굵다. 입수염은 3쌍이고 수컷의 가슴지느러미는 골질반이 있어 암컷보다 길다. 몸통은 옅은 황색이고 옆줄을 따라 역삼각형의 무늬가 있다. 유속이 느리고 모래와 자갈이 깔린 곳에 산다. 산란행동은 다른 미꾸리과 물고기와 같다. 동남부쪽 수계에 분포한다.

▲새코미꾸리. 한강과 임진강 상류에 산다.

새코미꾸리

White nose loach

Koreocobitis rotundicaudata

고유종

생활 : 하천의 저층
먹이 : 수서곤충, 부착조류

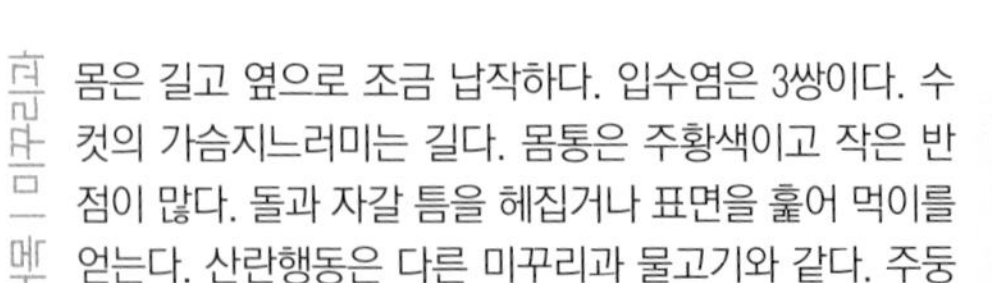

몸은 길고 옆으로 조금 납작하다. 입수염은 3쌍이다. 수컷의 가슴지느러미는 길다. 몸통은 주황색이고 작은 반점이 많다. 돌과 자갈 틈을 헤집거나 표면을 훑어 먹이를 얻는다. 산란행동은 다른 미꾸리과 물고기와 같다. 주둥이가 새부리처럼 생겨 '새코미꾸리' 라고 한다.

길이(cm)	산란기간	회유특성
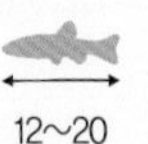		
12~20	5~8월	국지회유

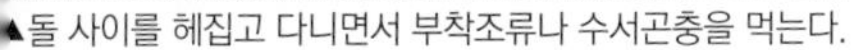

▲돌 사이를 헤집고 다니면서 부착조류나 수서곤충을 먹는다.

▼주황색의 주둥이는 새의 부리를 닮았다.

▲얼룩새코미꾸리. 새코미꾸리와 많이 닮았지만 낙동강 수계에만 산다.

얼룩새코미꾸리

Naktong nose loach

Koreocobitis naktongensis

고유종　Ⅰ급

생활 : 하천의 저층
먹이 : 부착조류

몸은 길고 옆으로 조금 납작하다. 입수염은 3쌍이다. 수컷의 가슴지느러미는 골질반이 있어 암컷보다 길다. 몸통은 노란색이고 청색의 얼룩무늬가 있다. 유속이 빠르고 큰 돌과 자갈이 있는 곳에 살며 수컷이 암컷의 몸을 감아 알을 낳도록 조인다. 낙동강에서만 산다.

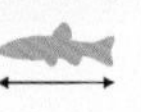

길이(cm)	산란기간	회유특성
12~20	5~6월	국지회유

▲기름종개. 4줄의 무늬(감베타 반문)가 있다. 산란기에 수컷의 4번째 줄무늬는 서로 이어진다.

기름종개

Korean Spine loach

Cobitis hankugensis

고유종

생활 : 하천의 저층
먹이 : 수서곤충, 절지동물, 부착조류

길이(cm) 산란기간 회유특성

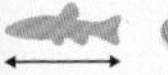

10~15 5~6월 국지회유

몸은 길고 옆으로 납작하다. 입수염은 3쌍이고 수컷의 가슴지느러미는 암컷보다 길다. 몸통은 옅은 황색이고 형태가 다른 4줄의 줄무늬가 있다. 이 줄무늬로 기름종개속(屬) 어류를 분류한다. 유속이 느리고 모래가 있는 곳에 살며 산란행동은 다른 미꾸리과 어류와 같다.

▲점줄종개. 줄종개와 기름종개보다 분포지역이 넓다.

점줄종개

Sand spine loach

Cobitis lutheri

생활 : 하천의 저층
먹이 : 수서곤충
국외 : 중국, 러시아

몸은 길고 옆으로 납작하다. 입수염은 3쌍이다. 수컷의 가슴지느러미는 암컷보다 길고 2줄의 굵은 점줄무늬는 산란철에 서로 이어진다. 유속이 느리고 모래나 펄이 있는 곳에 산다. 수컷이 암컷의 복부를 감아 조여 알을 낳으면 방정한다. 암컷이 수컷보다 체구가 더 크다.

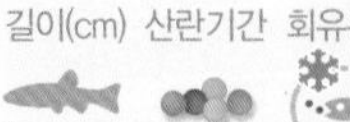

▲ 산란기에 수컷의 2와 4번째 줄무늬는 이어진다.

▼ 점줄종개의 서식처

▲줄종개

줄종개

Striped loach

Cobitis tetralineata

고유종

생활 : 하천의 저층
먹이 : 수서곤충

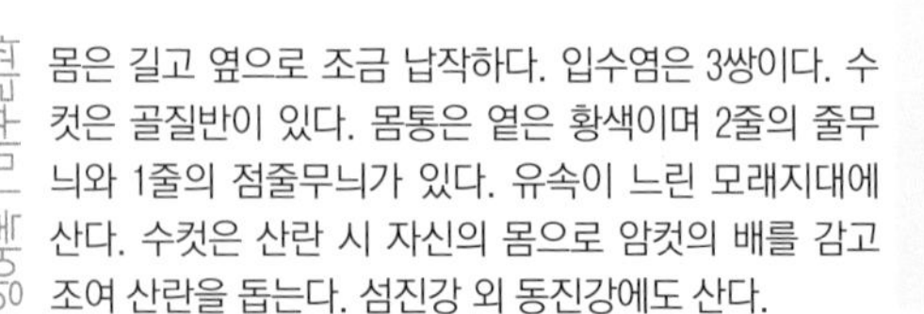

몸은 길고 옆으로 조금 납작하다. 입수염은 3쌍이다. 수컷은 골질반이 있다. 몸통은 옅은 황색이며 2줄의 줄무늬와 1줄의 점줄무늬가 있다. 유속이 느린 모래지대에 산다. 수컷은 산란 시 자신의 몸으로 암컷의 배를 감고 조여 산란을 돕는다. 섬진강 외 동진강에도 산다.

길이(cm)	산란기간	회유특성
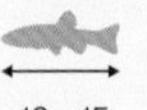		
10~15	5~6월	국지회유

▲모래 바닥의 줄종개

▼줄의 굵은 줄무늬 사이에 가늘고 짧은 점줄무늬가 있다.

▲북방종개. 역삼각형과 하트형의 무늬가 있다. 강릉 남대천 이북의 하천에 분포한다.

북방종개

Northern loach

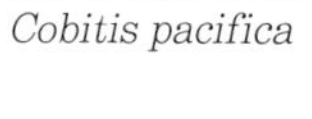

Cobitis pacifica

고유종

생활 : 하천의 저층
먹이 : 수서곤충, 부착조류

몸은 길고 옆으로 납작하다. 입수염은 3쌍이다. 수컷은 골질반이 있어 가슴지느러미가 길다. 몸통은 옅은 갈색이며 역삼각형 또는 하트 형태의 무늬가 있다. 모래가 깔린 곳에 살며 산란행동은 다른 미꾸리과 어류와 같다. 강릉 남대천과 그 북쪽을 흐르는 하천에만 분포한다.

길이(cm)	산란기간	회유특성
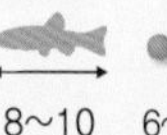		
8~10	6~8월 (추정)	국지회유

▲북방종개 수컷

▼강원도 동해안의 북부 수계 중 하나인 간성의 북천

▲수수미꾸리. 늦가을에서 겨울사이에 산란한다.

수수미꾸리

Niwaella multifasciata

고유종

생활 : 하천의 저층
먹이 : 부착조류

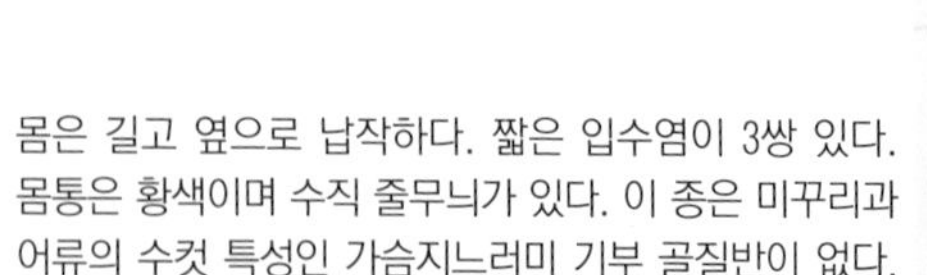

몸은 길고 옆으로 납작하다. 짧은 입수염이 3쌍 있다. 몸통은 황색이며 수직 줄무늬가 있다. 이 종은 미꾸리과 어류의 수컷 특성인 가슴지느러미 기부 골질반이 없다. 유속이 빠르고 큰 자갈이 있는 곳에 산다. 산란행동은 다른 미꾸리과 어류와 같고 겨울에 산란한다.

길이(cm)	산란기간	회유특성
15~18	11~3월	국지회유

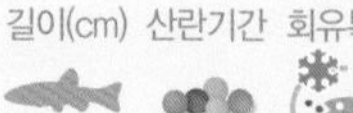

▲좀수수치. 전라남도의 고흥반도와 인근의 섬 하천에 분포한다.

좀수수치

Little loach

Kichulchoia brevifasciatas

고유종 Ⅱ급

생활 : 하천의 저층
먹이 : 수서곤충

길이(cm)	산란기간	회유특성
5	4~5월	국지회유

몸은 옆으로 납작하다. 입수염은 3쌍이다. 몸통은 옅은 황색이며 수직 줄무늬가 있다. 수컷은 가슴지느러미에 골질반이 없고, 암컷은 수컷보다 크다. 유속이 빠른 곳에 살며 산란행동은 알려지지 않았다. 미꾸리과 물고기 중 가장 작다. 고흥반도, 거금도, 금오도 등에만 산다.

퉁가리

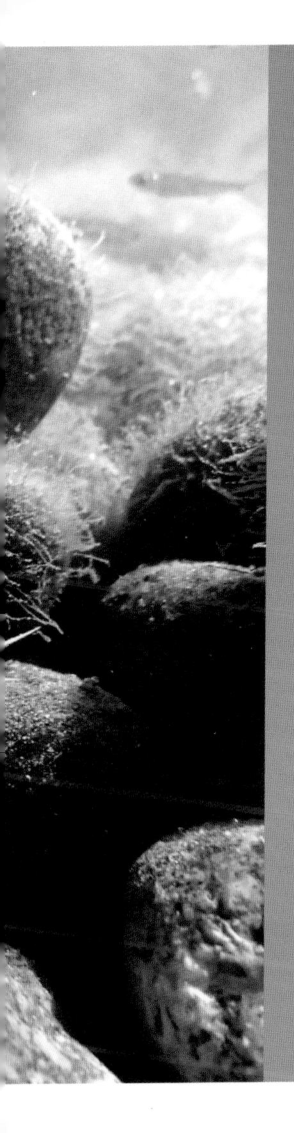

메기목

메기과
메기 | 미유기

동자개과
동자개 | 눈동자개 | 꼬치동자개
대농갱이 | 밀자개

통가리과
자가사리 | 퉁가리 | 퉁사리
섬진강자가사리

▲메기. 밤에 활동하며 작은 물고기와 작은 동물을 탐식한다.

메기

Far eastern catfish

Silurus asotus

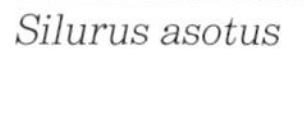

생활 : 하천의 저층
먹이 : 수서곤충, 물고기, 작은 동물
국외 : 일본, 중국, 대만

몸은 원통형이고 뒤는 옆으로 납작하다. 입수염은 3쌍이나 아래턱의 1쌍은 유어기를 지나면 없어진다. 등지느러미는 왜소하다. 유속이 느리고 모래와 진흙이 있는 곳에 살며 낮엔 그늘에 있고 밤에 활동한다. 수컷이 암컷의 몸을 감아 조여 알을 낳게 한다. 식용으로 이용된다.

길이(cm)	산란기간	회유특성
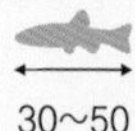		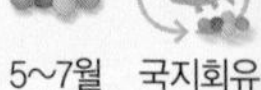
30~50	5~7월	국지회유

▲몸 색깔이 탈색된 알비노(Albino) 메기

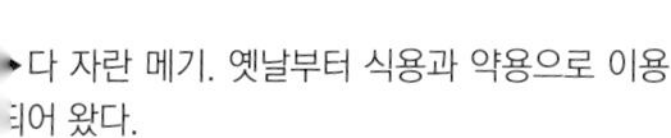
▸다 자란 메기. 옛날부터 식용과 약용으로 이용되어 왔다.

▾야행성으로 낮에는 돌 밑이나 둑이 파인 곳에서 지내다 밤에 나와 활동한다. 긴 입수염은 감각과 미각 기능이 있다.

▲미유기. 맑은 물이 흐르는 상류에 산다.

미유기

Slender catfish

Silurus microdorsalis

고유종

생활 : 하천의 저층
먹이 : 수서곤충,
작은 물고기

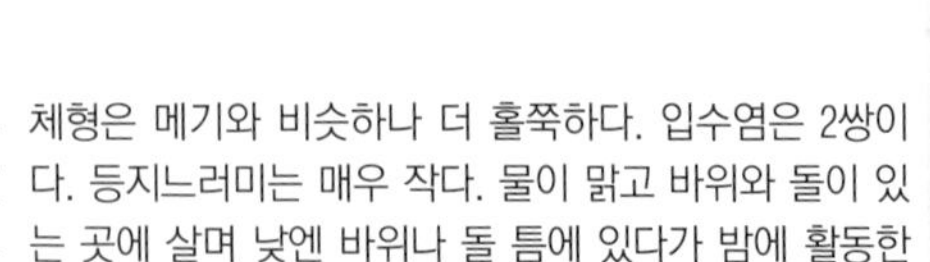

체형은 메기와 비슷하나 더 홀쭉하다. 입수염은 2쌍이다. 등지느러미는 매우 작다. 물이 맑고 바위와 돌이 있는 곳에 살며 낮엔 바위나 돌 틈에 있다가 밤에 활동한다. 산란기에 수컷이 암컷의 몸을 감고 조여 알을 낳게 한다. 산에 사는 메기라하여 '산메기'라고도 한다.

길이(cm)	산란기간	회유특성
25	4~6월	국지회유

▲메기와 닮았지만 몸이 가늘고 크기가 작다.

▼하천 상류역의 돌 틈에 산다.

▲동자개. 손바닥에 올려 놓으면 아가미 관절을 움직여 '빠가빠가'하는 소리를 낸다.

동자개

Korean bullhead

Pseudobagrus fulvidraco

생활 : 하천의 저층
먹이 : 수서곤충, 물고기 알, 새우류, 작은 동물
국외 : 중국, 대만

몸은 길고 머리는 위아래로 납작하다. 입수염은 4쌍이다. 몸통은 황갈색이고 사각형 무늬가 있다. 야행성이며 수컷은 가슴지느러미로 진흙에 구덩이를 파 암컷이 산란케한 뒤 그 자리를 지킨다. '빠가빠가'하는 소리를 내서 '빠가사리'라고도 부른다. 식용으로 쓰인다.

길이(cm)	산란기간	회유특성
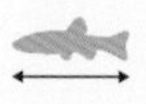		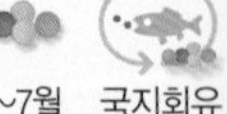
20	5~7월	국지회유

▲어린 동자개

▼동자개 서식처. 낙동강의 경우 방류된 개체들이 번식하고 있다.

▲눈동자개. 낮에는 돌 밑에 머물다가 밤에 주로 활동한다.

눈동자개

Black bullhead

Pseudobagrus koreanus

고유종

생활 : 하천의 저층
먹이 : 수서곤충,
작은 물고기

몸은 길고 원통형이며 입수염은 4쌍이다. 몸통은 진한 갈색이고 부분적으로 옅은 부위가 있다. 유속이 느리고 바위와 돌이 있는 곳에 살며 낮에는 바위 틈에 머물고 밤에 나와 활동한다. 바닥에 구덩이를 파고 산란한다. 수심이 깊은 곳의 돌 아래에서 무리지어 겨울을 난다.

길이(cm)	산란기간	회유특성
30	  5~6월	 국지회유

▲동자개보다 날렵하고 꼬리지느러미 끝이 둥글다.

▼어린 눈동자개

▲꼬치동자개. 몸통이 가래떡 꼬치처럼 동글고 통통하다.

꼬치동자개

Korean stumpy bullhead

Pseudobagrus brevicorpus

고유종 | Ⅰ급 | 제455호

생활 : 하천의 저층
먹이 : 수서곤충, 물고기 알, 작은 물고기

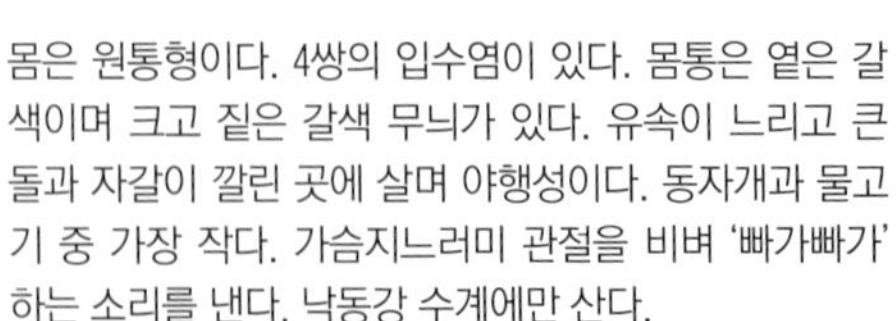

몸은 원통형이다. 4쌍의 입수염이 있다. 몸통은 옅은 갈색이며 크고 짙은 갈색 무늬가 있다. 유속이 느리고 큰 돌과 자갈이 깔린 곳에 살며 야행성이다. 동자개과 물고기 중 가장 작다. 가슴지느러미 관절을 비벼 '빠가빠가' 하는 소리를 낸다. 낙동강 수계에만 산다.

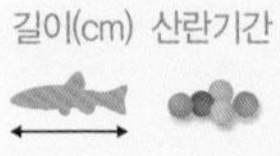

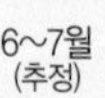

길이(cm)	산란기간	회유특성
8~10	6~7월 (추정)	국지회유

▲대농갱이. 입수염이 짧다.

Ussurian bullhead

대농갱이

Leiocassis ussuriensis

생활 : 하천의 저층
먹이 : 수서곤충, 물고기 알, 새우류, 작은 물고기
국외 : 중국

길이(cm) 산란기간 회유특성

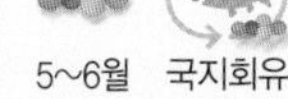

40~50 5~6월 국지회유

몸은 길고 원통형이며 입수염은 짧고 4쌍이다. 몸통은 진한 갈색이고 옅은 반점이 있다. 모래와 진흙, 자갈이 깔린 곳에 산다. 산란기에 무리를 지으며 수컷이 바닥을 파서 웅덩이를 만들면 암컷이 알을 낳는다. 수컷은 알이 부화할 때까지 그 자리를 지킨다.

▲밀자개. 동자개보다 입수염이 짧고 몸 색깔은 황갈색이다.

밀자개

Long snouted bullhead

Leiocassis nitidus

생활 : 하천의 저층
먹이 : 수서곤충, 새우류, 작은 물고기
국외 : 중국

체형은 동자개와 닮았으나 더 홀쭉하다. 입수염은 짧고 4쌍이다. 몸통은 황갈색이고 짙고 넓은 무늬가 있다. 강물과 바닷물이 만나는 경계에 산다. 산란기엔 강의 중류로 올라와 집단으로 알을 낳고 산란이 끝나면 하류로 돌아간다. 어부들은 '밀빠가'라고 부르기도 한다.

길이(cm)	산란기간	회유특성
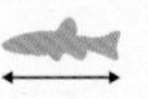		
10~15	5~6월	국지회유

▲자가사리. 퉁가리과 물고기는 가슴지느러미 끝이 뾰족해 찔리면 통증을 느낀다.

South torrent catfish

자가사리

Liobagrus mediadiposalis

고유종

생활 : 하천의 저층
먹이 : 수서곤충

길이(cm)	산란기간	회유특성
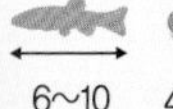		
6~10	4~6월	국지회유

몸의 앞은 원통형이고 뒤는 옆으로 납작하다. 입수염은 4쌍이고 위턱이 아래턱보다 길다. 몸통은 황갈색이다. 물이 맑고 돌과 자갈이 있는 곳에 살며 야행성이다. 산란기에 암컷은 돌 밑에 알을 낳고 그 자리를 지킨다. 가슴지느러미에 가시가 있어 찔리면 통증을 느낀다.

▲퉁가리. 낮에는 돌 틈에 머물다가 밤에 활동한다. 한강과 임진강에 산다.

퉁가리

Korean torrent catfish

Liobagrus andersoni

고유종

생활 : 하천의 저층
먹이 : 수서곤충

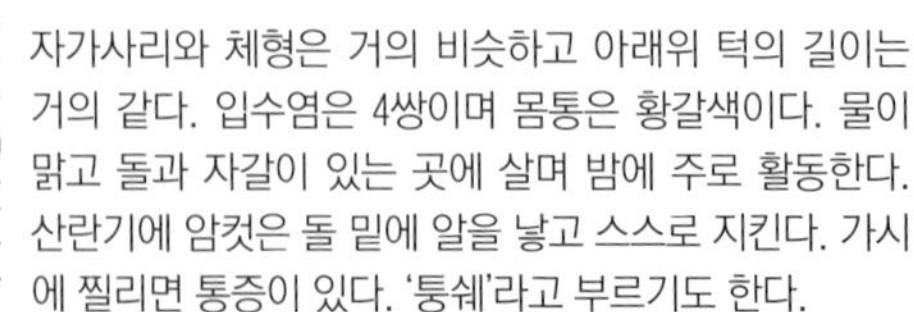

자가사리와 체형은 거의 비슷하고 아래위 턱의 길이는 거의 같다. 입수염은 4쌍이며 몸통은 황갈색이다. 물이 맑고 돌과 자갈이 있는 곳에 살며 밤에 주로 활동한다. 산란기에 암컷은 돌 밑에 알을 낳고 스스로 지킨다. 가시에 찔리면 통증이 있다. '퉁쉐'라고 부르기도 한다.

길이(cm)	산란기간	회유특성
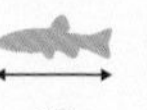		
10	5~6월	국지회유

▲산지에선 미끼가 담긴 그릇에 구멍난 보자기를 씌워 퉁가리를 잡기도 한다.

▼돌 틈의 퉁가리(上)(下)

▼퉁가리 서식처

▲퉁사리. 위아래 턱의 길이가 같다. 금강과 만경강, 영산강 수계에 분포한다.

퉁사리

Bullhead torrent catfish

Liobagrus obesus

생활 : 하천의 저층
먹이 : 수서곤충

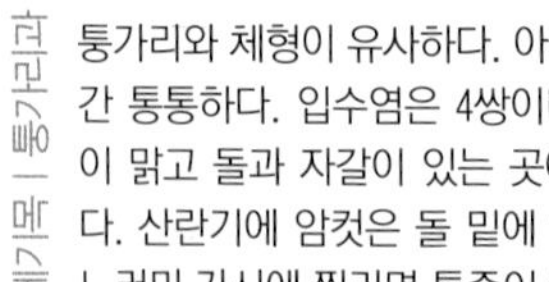

퉁가리와 체형이 유사하다. 아래 위 턱의 길이가 같고 약간 통통하다. 입수염은 4쌍이며 몸통은 황갈색이다. 물이 맑고 돌과 자갈이 있는 곳에 살며 밤에 주로 활동한다. 산란기에 암컷은 돌 밑에 알을 낳아 지킨다. 가슴지느러미 가시에 찔리면 통증이 있다.

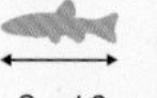

▲섬진강자가사리. 꼬리지느러미에 초승달 무늬가 있다. 섬진강 수계에 분포한다.

섬진강자가사리

Liobagrus somjinensis

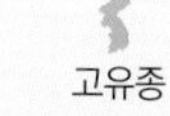

고유종

생활 : 하천의 저층
먹이 : 수서곤충

길이(cm)	산란기간	회유특성
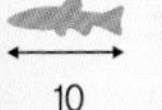		
10	5~6월	국지회유

자가사리와 체형은 유사하나 꼬리지느러미 중간에 황색 초승달 무늬가 있다. 입수염은 4쌍이며 몸통은 황갈색이고 복부는 옅다. 바위와 자갈이 있는 곳에 살며 야행성이다. 산란 후 알을 지킨다. 가시에 찔리면 아프다. 섬진강에 살며 2010년에 신종으로 기록되었다. 동진강에도 산다.

빙어

바다빙어목

바다빙어과

빙어 | 은어

▲빙어. 1년 생으로 찬물에서 산다. 겨울 낚시 어종으로 잘 알려져 있다.

빙어

Pond smelt

Hypomesus nipponensis

생활 : 하천의 중층
먹이 : 수서곤충, 새우류, 요각류
국외 : 일본, 알래스카

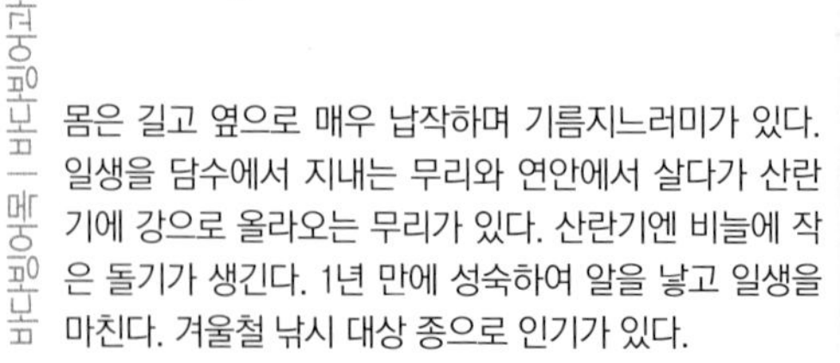

몸은 길고 옆으로 매우 납작하며 기름지느러미가 있다. 일생을 담수에서 지내는 무리와 연안에서 살다가 산란기에 강으로 올라오는 무리가 있다. 산란기엔 비늘에 작은 돌기가 생긴다. 1년 만에 성숙하여 알을 낳고 일생을 마친다. 겨울철 낚시 대상 종으로 인기가 있다.

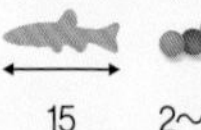

길이(cm)	산란기간	회유특성
15	2~3월	소하회유

▲은어. 1년 생으로 알을 낳고 생을 마친다. 놀림낚시로 잡기도 한다.

은어

Sweet smelt

Plecoglossus altivelis altivelis

생활 : 하천의 중층
먹이 : 동물성 플랑크톤, 부착조류
국외 : 일본, 중국, 대만

길이(cm)	산란기간	회유특성
20~30	9~10월	양측회유

몸은 길고 옆으로 납작하며 기름지느러미가 있다. 연안에 살다가 봄에 강 상류로 올라오고 가을에 하류로 내려가 산란하고 죽는다. 부화한 새끼는 바다로 내려간다. 일정구역을 정해 세력권을 형성하는 습성을 이용해 '놀림낚시'를 한다. 식용으로 쓰이며 수박향이 난다.

연어

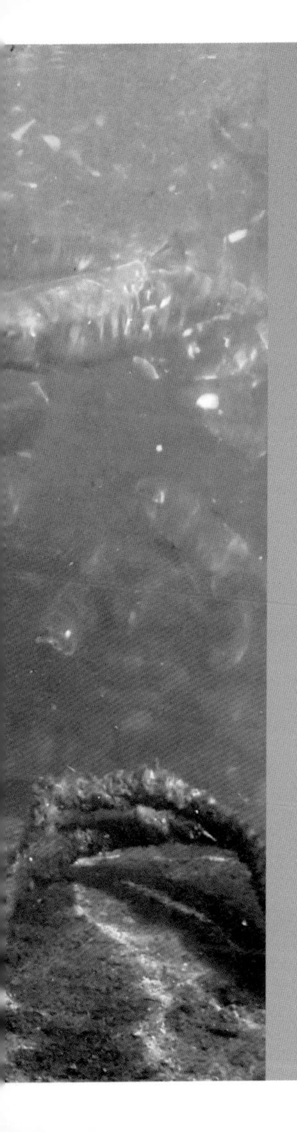

연어목

연어과

연어 | 산천어 · 송어

동갈치목

송사리과

송사리 | 대륙송사리

▲연어. 먼 바다로 나갔다가 태어난 하천으로 돌아와 알을 낳고 생을 마친다.

연어

Chum salmon

Oncorhynchus keta

생활 : 먼바다, 하천의 중층
먹이 : 수서곤충(강), 작은 물고기(바다)
국외 : 북태평양

몸은 길고 유선형이며 기름지느러미가 있다. 바다에서는 암청색, 담수에선 검붉고 얼룩덜룩하다. 먼바다를 돌아 가을에 태어난 하천으로 올라와 산란하고 일생을 마친다. 어자원 확보를 위해 매년 회귀하는 연어를 포획하여 채란, 부화시킨 새끼를 봄에 방류해 바다로 보낸다.

길이(cm)	산란기간	회유특성
60~80	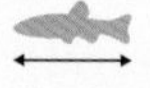 9~11월	 소하회유

▲양양의 남대천으로 회귀하는 연어. 태평양, 알래스카만, 베링해를 거쳐 가을에 돌아온다.

▼하천으로 돌아온 연어는 산란 후 생을 마감하고 새끼는 이듬해 봄 바다로 나간다.

▲연어의 회귀 하천인 강원도 양양 남대천

▲산천어. 바다로 나가지 않고 하천에 머물러 육봉화한 송어를 산천어라 부른다.

산천어 · 송어

River salmon, Trout

Oncorhynchus masou masou

생활 : 먼바다, 하천의 중층
먹이 : 갑각류, 요각류, 물고기 알
국외 : 일본, 러시아, 알래스카

몸은 길고 유선형이며 기름지느러미가 있다. 몸통은 황갈색이고 둥근 무늬가 일렬로 있다(산천어). 가을에 부화한 새끼는 이듬해 봄에 바다로 나간다. 일부 하천에 남는 무리를 '산천어', 바다로 나간 무리를 '송어'라 한다. 가을에 회귀하는 송어와 산천어가 만나 산란한다.

길이(cm) 산란기간 회유특성

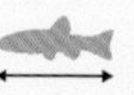

산천어 : 20
송어 : 60
9~10월
국지회유(산천어)
소하회유(송어)

▲'아마고(Amago)'라고 불리우는 일본산 산천어(©이완옥)

산천어는 경상북도 울진 이북의 동해, 즉 태평양으로 흐르는 하천에만 사는 냉수성 어종이다. 80년대 중반에 경제적으로 이용하고자 도입한 일본산 산천어의 수정란으로 생산된 치어를 토종 산천어가 살던 수계에 방류하였다. 이후에도 여러 가지 이유로 산천어가 살지 않았던 강원도 영서 지방과 다른 지역의 수계에도 수입된 일본산 산천어 및 교배종 산천어를 방류하였다.

▶토종 산천어. 일본산 산천어(아마고)보다 크기가 약간 작다.

▶일본산 산천어(아마고). 몸통에 붉은색의 작은 반점이 있다.

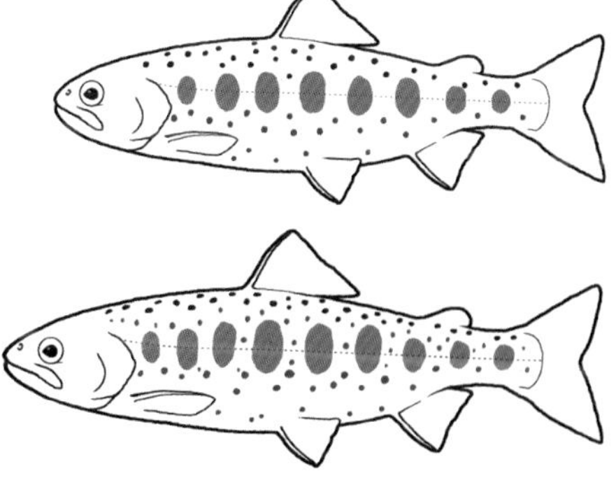

▲송사리 수컷. 뒷지느러미가 사각형이다. 남해와 동해로 흐르는 하천에 분포한다.

송사리

Asiatic rice fish

Oryzias latipes

생활 : 하천의 상층
먹이 : 동물성 플랑크톤, 장구벌레
국외 : 일본

몸은 통통하고 뒤쪽은 옆으로 납작하다. 아래턱이 길며 뒷지느러미는 수컷이 크다. 유속이 느리거나 정체된 곳에 살며 산란기에 암컷은 수정된 알을 배에 매달고 다니다가 수초에 붙인다. 몸통은 암컷이 크다. 하천 하류와 연결된 해안에서도 살며 염분이나 오염에 잘 견딘다.

길이(cm)	산란기간	회유특성
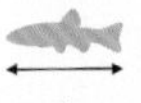		
4	5~7월 9~10월	국지회유

▲암컷. 수정된 알을 배에 매달고 다니다가 수초에 몇 개씩 붙인다.

▶수초에 매달린 송사리의 수정란. 알에는 점착성이 있는 난사가 있어 떨어지지 않고 부화가 진행된다.

▼송사리 무리. 농수로나 소하천 등 유속이 느린 곳에서 집단을 이루어 산다.

▲대륙송사리 수컷. 서해로 흐르는 하천에 분포한다.

대륙송사리

Dwarf rice fish

Oryzias sinensis

생활 : 하천의 상층
먹이 : 동물성 플랑크톤, 장구벌레
국외 : 중국

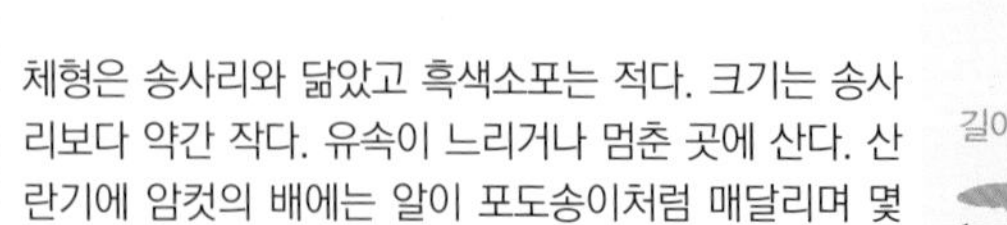

체형은 송사리와 닮았고 흑색소포는 적다. 크기는 송사리보다 약간 작다. 유속이 느리거나 멈춘 곳에 산다. 산란기에 암컷의 배에는 알이 포도송이처럼 매달리며 몇 개씩 수초에 붙인다. 오염된 곳에서도 산다. 서해로 흐르는 하천에 살며 우리나라 담수어 중 가장 작다.

길이(cm)	산란기간	회유특성
3~4	5~7월 9~10월	국지회유

큰가시고기목

큰가시고기과

큰가시고기 | 가시고기 | 잔가시고기

드렁허리목

드렁허리과

드렁허리

▲큰가시고기 수컷. 둥지를 지키면서 몸이 붉어지며 붉은색의 물체를 맹렬히 공격한다.

큰가시고기

Three spine stickleback

Gasterosteus aculeatus

생활 : 하천의 중층
먹이 : 동물성 플랑크톤, 수서곤충, 물고기 알
국외 : 일본, 북미, 유럽

몸은 옆으로 납작하며 등에는 3개의 길고 뾰족한 가시가 있다. 몸통은 연갈색이다. 연안에 살다가 산란기에 떼지어 하천으로 올라오며 수컷이 하천 바닥에 검불을 모아 둥지를 지으면 암컷이 알을 낳는다. 수컷의 몸은 검푸른 색으로 변해 알이 부화할 때까지 둥지를 지킨다.

길이(cm)	산란기간	회유특성
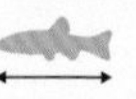 13	 3~5월	 소하회유

▲가시고기. 가시막이 투명하다.

가시고기

Chinese ninespine stickleback

Pungitius sinensis

Ⅱ급

생활 : 하천의 중층
먹이 : 물벼룩, 깔따구 유충, 실지렁이
국외 : 일본, 중국

길이(cm)	산란기간	회유특성
9	5~6월	국지회유

몸은 옆으로 매우 납작하다. 등에는 8~9개의 가시가 있고 가시막은 투명하다. 몸통은 연한 갈색이며 짙은 갈색 무늬가 있다. 유속이 느리고 수초가 많은 곳에 산다. 수초줄기 밑에 수컷이 둥지를 지어 암컷을 데려와 알을 낳게 하고 둥지를 지키며 몸은 검게 변한다.

▲잔가시고기. 가시막이 검다.

잔가시고기

Short ninespine stickleback

Pungitius kaibarae

고유종

생활 : 하천의 중층
먹이 : 물벼룩, 깔따구 유충, 실지렁이
국외 : 일본(멸종)

몸은 옆으로 매우 납작하다. 등에 7~9개의 가시가 있고 가시막은 검다. 몸통은 갈색이며 짙은 무늬가 있다. 유속이 느리거나 고인 곳의 수초 지대에 산다. 산란행동은 가시고기와 같고, 둥지는 수초 줄기 중간에 만든다. 낙동강 지류인 금호강에도 산다. 일본에선 멸종되었다.

길이(cm)	산란기간	회유특성
7	5~8월	국지회유

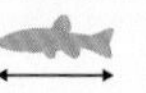

▲잔가시고기 수컷. 다른 수컷이 접근하면 가시를 활짝펴고 경계한다.

▼잔가시고기 서식처인 동해안 석호의 유입부

▲잔가시고기

▲드렁허리. 자라면서 일부가 암컷에서 수컷으로 성전환을 한다.

Ricefield swampeel

드렁허리

Monopterus albus

생활 : 하천의 저층
먹이 : 작은 물고기, 곤충, 지렁이
국외 : 일본, 중국, 인도네시아

길이(cm)	산란기간	회유특성
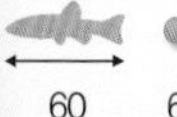 60	6~7월	국지회유

몸은 길며 원통형이다. 지느러미는 퇴화되었다. 몸통은 주황색이며 반점이 많다. 늪지, 논 등에 살며 물 위로 주둥이를 내밀고 공기 호흡을 한다. 논둑에 구멍을 내기도 한다. 암컷으로 태어나 일부는 수컷으로 바뀌며 진흙 굴에 산란하고 수컷이 알을 지킨다. 약재로 쓰인다.

둑중개

쏨뱅이목

둑중개과

둑중개 | 한둑중개 | 꺽정이

▲둑중개. 한강과 금강 수계의 상류에 산다. 만경강과 섬진강에는 절멸된 것으로 추정된다.

둑중개

Yellow fin sculpin

Cottus koreanus

고유종

생활 : 하천의 저층
먹이 : 수서곤충,
작은 물고기

몸은 원통형이고 머리와 입이 크다. 두 번째 등지느러미는 길다. 몸통은 녹갈색이고 그 보다 옅거나 짙은 반점이 흩어져있다. 물이 차며 맑고 유속이 빠른 곳의 돌 틈에 살며, 산란기에 수컷은 돌 밑에 공간을 만들어 여러 마리의 암컷이 알을 낳게 하고 알을 보호한다.

길이(cm)	산란기간	회유특성
15	3~4월	국지회유

▲ 몸통의 무늬는 복부까지 이어지지 않는다.

▼ 물이 맑고 돌이 많은 둑중개의 서식처

▲한둑중개. 몸통의 무늬가 배까지 이어진다. 동해로 흐르는 하천에 분포한다.

한둑중개

Tuman river sculpin

Cottus hangiongensis

Ⅱ급

생활 : 하천의 저층
먹이 : 수서곤충,
하천의 저층
국외 : 일본, 러시아

체형은 둑중개와 매우 닮았다. 몸통은 회갈색이고 반점은 흰색의 도너츠 모양이다. 강 하류의 유속이 빠른 곳에 살며 산란기에 암컷은 돌 밑에 알을 낳고 수컷이 알을 지킨다. 새끼는 물결 따라 바다로 내려갔다가 한 달쯤 후 하천으로 다시 올라온다. 동해안 하천에 산다.

길이(cm)	산란기간	회유특성
15	3~6월	국지회유

▲꺽정이. 산란기에 강하구로 내려가 알을 낳는다.

꺽정이

Rough skin sculpin

Trachidermus fasciatus

생활 : 하천의 저층
먹이 : 작은 물고기, 갑각류
국외 : 일본, 중국

길이(cm)	산란기간	회유특성
17	2~4월	강하회유

몸은 유선형이며 머리와 입이 크다. 두 번째 등지느러미는 길다. 몸통은 갈색이고 크고 검은 반점이 3~4개 있다. 모래와 자갈이 깔린 곳에 살며 산란기에 강하구에 산란하고 수컷이 알을 지킨다. 새끼는 강을 거슬러 올라가 살다가 산란기에 다시 강하구로 내려간다.

꺽지

농어목

꺽지과
쏘가리 | 황쏘가리 | 꺽저기 | 꺽지

검정우럭과
블루길 | 배스

돛양태과
강주걱양태

동사리과
동사리 | 얼룩동사리 | 남방동사리 | 좀구굴치

망둑어과
날망둑 | 꾹저구 | 풀망둑 | 갈문망둑
밀어 | 민물두줄망둑 | 검정망둑
민물검정망둑 | 짱뚱어 | 말뚝망둥어
큰볏말뚝망둥어 | 개소겡

버들붕어과
버들붕어

가물치과
가물치

▲쏘가리. 수중의 최상위 포식자 위치에서 물고기를 탐식한다.

쏘가리

Mandarin fish

Siniperca scherzeri

생활 : 하천의 중층
먹이 : 물고기, 새우류
국외 : 중국

몸은 옆으로 납작하다. 몸통은 황갈색이고 표범무늬가 있다. 유속이 느리고 바위와 큰 돌이 있는 너른 곳에 산다. 낮엔 바위 아래서 지내다 밤에 주로 활동한다. 자갈 위에 집단으로 알을 낳는다. 고급 식용으로 이용되며 낚시 대상 어종으로도 인기가 있다.

길이(cm)	산란기간	회유특성
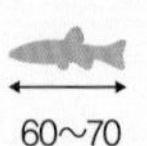		
60~70	5~7월	국지회유

▲황쏘가리. 몸 색깔이 황색이며 한강과 임진강에만 분포한다.

Yellow Mandarin fish

황쏘가리

Siniperca scherzeri

천
제190호
제532호(서식지)

생활 : 하천의 중층
먹이 : 물고기, 새우류

길이(cm) 산란기간 회유특성

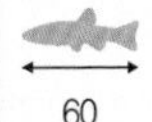

60 5~7월 국지회유

쏘가리와 같은 종이다. 몸 전체가 황색이거나 황색 바탕에 부분적으로 표범무늬가 있다. 황색 발현은 알비노(Albino) 현상이라고 알려졌으나 유전자 때문이라 추정하기도 한다. 한강 상류 및 임진강에 분포한다. 다른 수계에도 드물게 나타나지만 방류에 의한 것이라 한다.

▲꺽저기. 탐진강과 낙동강에 드물게 분포한다. 2012년 보호종으로 재지정 되었다.

꺽저기

Japanese aucha perch

Coreoperca kawamebari

Ⅱ급

생활 : 하천의 중층
먹이 : 수서곤충, 육상곤충, 작은 물고기
국외 : 일본

몸은 옆으로 납작하다. 아가미 끝에 파란색 눈동자 모양의 무늬가 있다. 몸통은 갈색이고 줄무늬가 수직으로 있다. 등에는 옅은 색의 줄무늬가 있다. 유속이 느리고 모래와 자갈이 깔린 수초 지대에 산다. 수초 줄기에 산란하며 수컷은 새끼가 부화하여 유영할 때까지 돌본다.

길이(cm)	산란기간	회유특성
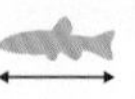		
15	5~6월	국지회유

▲조용하게 행동하고 움직임이 섬세하다.

▼몸 색깔은 수시로 변한다. 수직의 줄무늬는 안정될 때 나타난다.

▲꺽지. 여울의 돌 틈에 살며 전국에 분포한다.

꺽지

Korean aucha perch

Coreoperca herzi

고유종

생활 : 하천의 중층
먹이 : 수서곤충, 갑각류, 작은 물고기

몸은 옆으로 납작하다. 아가미 끝에 눈 크기의 청색 무늬가 있다. 몸통은 진한 갈색이며 수직으로 줄무늬가 있고 흰색 반점이 흩어져 있다. 돌과 자갈이 있는 곳에 살며 암컷은 큰 돌 아래에 알을 낳고 수컷은 알이 부화할 때까지 지킨다. 자신의 몸 색깔을 주변에 맞춘다.

길이(cm)	산란기간	회유특성
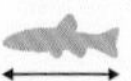		
15~30	4~7월	국지회유

▲돌 틈의 꺽지. 몸의 색을 수시로 바꿀 수 있다.

▼수컷의 보호아래 부화한 꺽지의 치어

▲블루길. 북아메리카의 남동부가 원산지이며 우리나라 전역에 정착하여 산다.

블루길

Blue gill

Lepomis macrochirus

외래종

생활 : 하천의 중층
먹이 : 수서곤충, 물고기 알, 갑각류, 작은 물고기
국외 : 북미(원산지), 유럽, 아시아, 아프리카

옆으로 납작하다. 아가미에 청색점이 있다. 수컷이 바닥에 산란장을 만들며 새끼가 헤엄칠 때까지 돌본다. 1969년 일본에서 시험사육차 처음 도입하여 1975년 방류하였다. 번식력이 왕성하고 토종 새우류, 치어 등을 다량 포식한다. '생태계교란야생생물'로 지정되었다.

길이(cm)	산란기간	회유특성
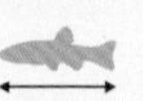		
15~25	4~6월	국지회유

▲방류와 이식으로 전국으로 퍼졌으며 한반도의 자연환경에 완벽히 적응하였다. 강한 탐식성으로 수서곤충이나 작은 물고기, 물고기 알 등을 포식하여 토종어류 감소의 원인으로 지목되고 있다.

▶높은 번식력으로 이미 많은 수의 하천에서 우점하여 살아 가고 있다. 포획된 어린 블루길.

▼남한강과 북한강이 합류하는 지점에 축조된 팔당댐. 어족자원 조성용으로 도입한 블루길을 최초로 방류하였다.

▲배스. 북아메리카의 남동부가 원산지이며 많은 나라에 이식되었다. 전국에 분포한다.

배스

Large mouth bass

Micropterus salmoides

외래종

생활 : 하천의 중층
먹이 : 수서곤충, 새우류, 물고기, 개구리, 뱀
국외 : 미국(원산지), 전세계

옆으로 납작하며 입이 크다. 유속이 느린 곳에 살며 수컷이 자갈 바닥에 만든 산란장에 여러 마리의 암컷이 알을 낳는다. 1973년 미국에서 도입하여 1975년에 조종천, 1976년에 팔당호에 방류하였다. 물고기와 수중 동물을 다량 포식하여 '생태계교란야생생물'로 지정되었다.

길이(cm)	산란기간	회유특성
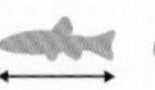		
45~60	5~6월	국지회유

▲배스가 자리하는 곳에서 배스보다 크기가 작은 다른 어종은 찾아볼 수 없다.

▼토종어류를 감소시키고 있으나 한편으로는 인기있는 낚시 대상 어종이기도 하다.

▲강주걱양태. 주걱처럼 생겼다 해서 붙여진 이름이다. 강 하구에 산다.

강주걱양태

Dragonet fish

Repomucenus olidus

생활 : 하천의 저층
먹이 : 갯지렁이, 소형 갑각류
국외 : 중국

몸은 위아래로 납작하다. 눈은 위로 솟고 등쪽에 아가미 구멍이 있다. 강 하류와 연안의 모래바닥에 산다. 중류에서 발견되기도 하며 생태에 관해서는 알려지지 않았다. 주위의 모래 색에 맞춰 몸 색깔을 바꾸기도 하며 모래 속에 잘 숨는다. 동진강에도 산다.

길이(cm)	산란기간	회유특성
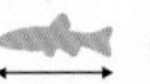		
7	정보없음	정보없음

▲보호색으로 위장하고 모래 속에 숨은 강주걱양태

▼강주걱양태 서식처

▲동사리. 3개의 커다란 반점이 있다. 낮에는 그늘에 은신한다.

동사리

Korean dark sleeper

Odontobutis platycephala

고유종

생활 : 하천의 저층
먹이 : 수서곤충, 새우류, 작은 물고기

몸은 타원형이고 앞쪽이 굵다. 몸통은 회갈색이며 3개의 크고 짙은 반점이 있다. 이빨이 날카롭고 입안으로 휘어 있어 잡은 먹이는 놓지 않는다. 유속이 느린 곳에 살며 낮에는 주로 돌 틈에 은신한다. 큰 돌 밑에 알을 낳으며 수컷은 알을 돌보면서 '구구'하는 소리를 낸다.

길이(cm)	산란기간	회유특성
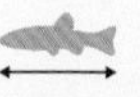		
15~18	4~7월	국지회유

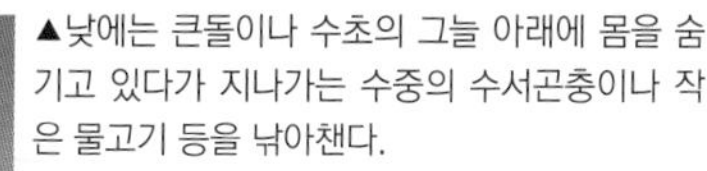

▲낮에는 큰돌이나 수초의 그늘 아래에 몸을 숨기고 있다가 지나가는 수중의 수서곤충이나 작은 물고기 등을 낚아챈다.

◀호흡이 불가능한 물 밖에서도 체중을 지탱하며 문 손가락을 놓지 않는 동사리. 물 속에서도 한번 입으로 문 먹이는 놓지 않는다.

▼동사리의 이빨 구조

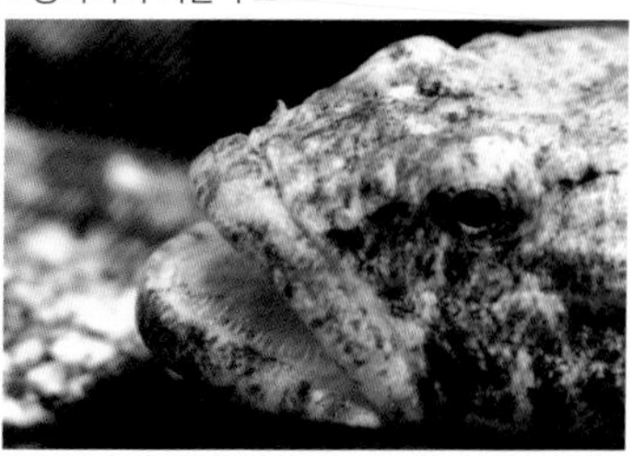

▲얼록동사리. 서해로 흐르는 하천에 분포한다.

얼록동사리

Dark sleeper

Odontobutis interrupta

고유종

생활 : 하천의 저층
먹이 : 수서곤충, 새우류, 작은 물고기

체형은 동사리와 닮았다. 몸통은 회갈색이며 크고 작은 반점이 흩어져있다. 야행성이며 큰 입과 날카로운 이빨로 유영하는 물고기 등을 낚아채 삼킨다. 산란행동은 동사리와 같고 수컷은 수정된 알이 부화할 때까지 그 자리를 떠나지 않고 알을 돌본다.

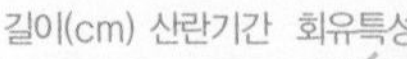

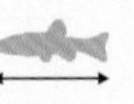

길이(cm)	산란기간	회유특성
15~20	5~7월	국지회유

▲돌 틈이나 그늘에 은신하고 수서곤충과 작은 물고기를 먹는다.

▲남방동사리. 거제도에 분포한다.

남방동사리

Odontobutis obscura

I급

생활 : 하천의 저층
먹이 : 수서곤충, 새우류, 작은 물고기
국외 : 일본, 중국

몸의 단면은 둥글고 뒤쪽은 옆으로 납작하다. 몸통은 진한 갈색이며 측면의 삼각형 반점은 위에서 보면 리본처럼 보인다. 유속이 느리고 자갈과 모래가 있는 곳에 산다. 돌 밑면에 알을 낳고 수컷은 알이 부화할 때까지 그 자리에서 알을 돌본다. 거제도에만 분포한다.

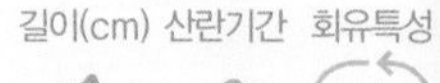

길이(cm)	산란기간	회유특성
10~14	4~7월	국지회유

▲새우류나 작은 물고기를 먹는다. 우리나라의 거제도에 적은 수가 서식하며 일본 남서부에도 분포한다. 2012년 멸종위기야생생물 I 급으로 지정되었다.

▶거제도의 남방동사리 서식처
▼위에서 본 몸통 무늬는 리본 형태이다.

남방동사리

▲좀구굴치. 동사리과 물고기 중 몸집이 가장 작다.

좀구굴치

Micropercops swinhonis

생활 : 하천의 중 · 하층
먹이 : 물벼룩, 실지렁이, 깔따구 애벌레
국외 : 중국

몸은 아주 작고 옆으로 납작하다. 몸통은 황갈색이고 굵고 진한 세로 줄무늬가 있다. 유속이 느리거나 고인 곳의 수초지대에 산다. 수컷이 돌 밑을 청소하여 산란장을 마련하면 여러 마리의 암컷이 알을 낳고 수컷은 알이 부화할 때까지 그 자리에서 알을 돌본다.

길이(cm)	산란기간	회유특성
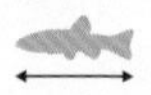		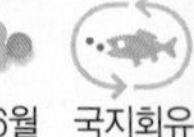
4~5	4~6월	국지회유

▲소형종으로 물이 고인 곳이나 매우 느리게 흐르는 곳에 산다.

▼움직임이 조용하고 한 번에 조금씩 이동한다. 습지가 줄어 서식처를 잃고 있다.

▲날망둑. 기수역에서 무리지어 살며 중층을 유영한다.

날망둑

Chestnut goby

Gymnogobius castaneus

생활 : 하천의 중층
먹이 : 동물성 플랑크톤, 작은 동물
국외 : 일본, 중국

앞쪽은 통통하고 뒤쪽은 가늘다. 몸통은 황갈색이고 노란색 세로 줄무늬가 있다. 모래가 있는 연안이나 하구에 산다. 산란기에 암컷은 꼬리지느러미 외의 지느러미가 검은색이 된다. 돌 밑에 알을 낳고 수컷은 알이 부화할 때까지 지킨다. 강원도 철원에서도 발견된다.

길이(cm)	산란기간	회유특성

8~9	1~4월	국지회유

▲꾹저구. 연안의 기수역에 분포하지만 내륙의 저수지나 호수에서도 발견된다.

꾹저구

Floating goby

Gymnogobiuss urotaenia

생활 : 하천의 중 · 저층
먹이 : 물벼룩, 수서곤충, 실지렁이 등
국외 : 일본, 러시아

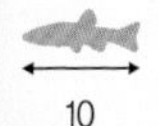

길이(cm)	산란기간	회유특성
10	5~7월	국지회유

머리는 위아래로 납작하고 입이 크다. 몸통은 황갈색 또는 회갈색이고 짙은 반점이 있다. 등지느러미에 검은색 반점이 있다. 강하구나 중류의 유속이 빠르고 자갈이 있는 곳에 산다. 산란기에 암컷의 복부는 노란색이 된다. 돌 밑에 알을 낳고 수컷이 알을 지킨다.

▲강하구나 기수역의 자갈이 있는 곳에 산다.

▼산란기에 포란한 암컷의 복부는 노란색을 띤다.

▲풀망둑. 서해와 남해로 흐르는 하천의 하구나 연안에 산다.

풀망둑

Javelin goby

Synechogobius hasta

생활 : 하천의 중 · 저층
먹이 : 게, 소형어류, 새우류, 갯지렁이
국외 : 일본, 중국, 대만, 인도네시아

길이(cm)	산란기간	회유특성
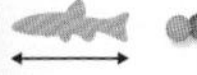		
30~50	4~5월	국지회유

몸은 길고 머리는 위아래로 납작하며 자라면서 몸은 더 길어진다. 몸통은 옅은 갈색이며 옆면의 반점은 나중에 없어진다. 강 하구나 기수역에 산다. 산란기에 갯벌에 Y자 형태로 굴을 파고 알을 낳으며 수컷은 알을 지킨다. 망둑어과 물고기 중 가장 크다. 식용으로 이용된다.

▲갈문망둑. 기수역뿐만 아니라 하천의 중류에도 출현한다.

갈문망둑

Paradise goby

Rhinogobius giurinus

생활 : 하천의 저층
먹이 : 수서곤충, 부착조류
국외 : 일본, 중국

몸의 앞쪽은 원통형이고 뒤쪽은 옆으로 납작하다. 머리는 위아래로 납작하다. 몸통은 옅은 갈색이고 짙은 반점이 있다. 유속이 느리거나 멈춘 곳의 자갈바닥에 산다. 돌 밑에 알을 낳으며 수컷이 알을 지킨다. 밀어와 비슷해 머리의 V자 무늬 유무로 구분하기도 한다.

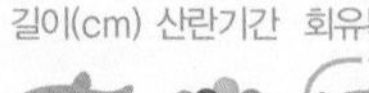
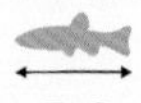

길이(cm)	산란기간	회유특성
7~9	7~9월	국지회유

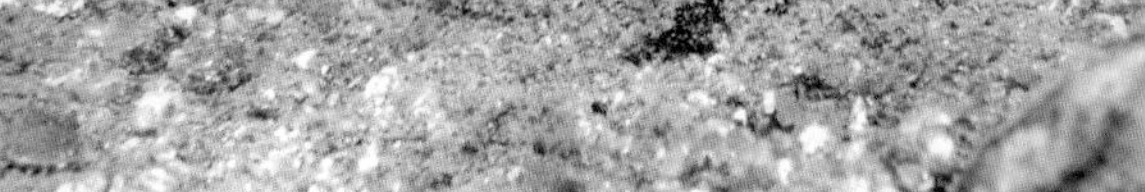

▲여울로 진출하는 밀어와는 달리 유속이 느린 곳에서 산다.

▼배지느러미가 변형된 흡반의 흡착력은 떨어진다.

▲밀어. 작은 돌을 차지해 밑을 깨끗이 청소하고 머물면서 텃세한다.

밀어

Common freshwater goby

Rhinogobius brunneus

생활 : 하천의 저층
먹이 : 수서곤충, 부착조류, 물벼룩
국외 : 일본, 중국, 대만

몸은 원통형이다. 머리에 V자 무늬가 있다. 몸통은 옅은 갈색이고 짙은 반점이 있다. 돌이 깔린 여울에 살며 수컷은 돌 밑을 청소하여 거소 겸 산란처를 만들고 텃세하다가 암컷이 산란하면 알이 부화할 때까지 돌본다. 우리나라엔 무늬가 다른 3가지 유형의 밀어가 있다.

길이(cm)	산란기간	회유특성
6~8	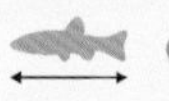 5~7월	 국지회유

▲뺨에 줄무늬가 있는 B-TYPE 밀어. 강원도 동해안의 북부 수계에 분포한다.

◀둥지를 청소하는 습성을 가진 밀어. 주변에 입으로 물어나른 굵은 모래가 쌓여있다.

▼입으로 물어 나른 모래를 뱉어내는 모습.

▼머리의 V자 모양 줄무늬.

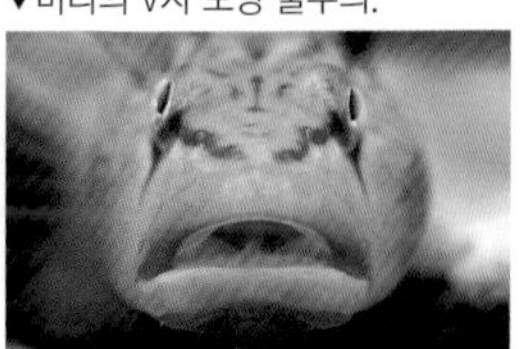

▲민물두줄망둑. 2줄의 줄무늬는 옅어지거나 없어지기도 한다.

민물두줄망둑

Tridentiger bifasciatus

생활 : 하천의 저층
먹이 : 작은 갑각류, 갯지렁이
국외 : 일본, 중국

앞쪽은 둥글고 뒤쪽은 옆으로 납작하다. 몸통은 옅은 갈색이고 2개의 줄무늬가 있다. 줄무늬의 출현은 변동이 있다. 바위가 있는 조간대나 강하구의 기수역과 담수를 왕래한다. 돌 밑이나 조개껍데기에 알을 낳고 수컷이 알을 지킨다. 둥지를 중심으로 항시 텃세한다.

길이(cm)	산란기간	회유특성
10	4~8월	국지회유

▲검정망둑. 하천 하구를 벗어나지 않는다. 산란기에 수컷은 검은색이 된다.

Dusky trident goby

검정망둑

Tridentiger obscurus

생활 : 하천의 저층
먹이 : 조류, 작은 물고기, 무척추동물
국외 : 일본, 중국

길이(cm) 산란기간 회유특성

8~10 5~9월 양측회유

몸은 길며 뒤쪽은 옆으로 납작하다. 몸통은 암갈색 또는 검정색이고 머리엔 푸른색 반점이 있다. 강하류나 하구의 돌이나 바위가 있는 곳에 살며 돌 밑에 알을 낳고 수컷이 알을 지킨다. 첫 번째 등지느러미를 뒤로 접으면 두 번째 등지느러미의 중간에 닿는다.

▲민물검정망둑. 수컷이 돌 밑을 청소하여 산란장을 만든다.

민물검정망둑

Triden goby

Tridentiger brevispinis

생활 : 하천의 저층
먹이 : 부착조류, 수서곤충, 작은 물고기
국외 : 일본

앞쪽은 둥글고 뒤쪽은 옆으로 납작하다. 몸통은 자주빛이 도는 검정색이고 머리엔 푸른색 반점이 있다. 유속이 느리고 바닷물의 영향을 받지 않는 담수역의 돌과 자갈이 있는 곳에 산다. 돌 밑에 알을 낳고 수컷이 알을 지킨다. 검정망둑보다 첫 번째 등지느러미가 짧다.

길이(cm)	산란기간	회유특성
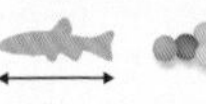		
10~15	5~7월	국지회유

▲중류에서 하류까지 다양한 환경에 적응하여 산다.

▼산란기에 수컷은 암컷에게 다가가 소리를 내면서 지그재그로 춤추며 구애한다.

▲짱뚱어. 지느러미를 부풀려 경쟁자를 쫓아내기도 한다.

짱뚱어

Blue spotted mud hopper

Boleophthalmus pectinirostris

생활 : 갯벌 위
먹이 : 동물성 플랑크톤, 조류
국외 : 일본, 중국, 대만, 미얀마

몸은 길고 눈은 돌출돼 있다. 첫 번째 등지느러미는 부채형이다. 몸통은 회청색이고 푸른색 반점이 있다. 갯벌에 구멍을 파고 산란하며 수컷이 알을 지킨다. 썰물 때 갯벌 위를 가슴지느러미를 움직여 이동하며 갯벌을 훑어 먹이를 얻는다. 산지에서 식용으로 이용된다.

길이(cm) 산란기간

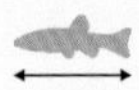

15~20 5~8월

▲썰물 직후의 짱뚱어. 가슴지느러미와 꼬리를 사용하여 자유롭게 이동한다.

▶먹이를 섭취하면서 입에 묻은 개펄흙은 고인물로 씻어낸다.
▼머리를 좌우로 옮겨서 개펄을 갉아 섞여있는 동물성 플랑크톤이나 조류 등을 먹는다.

▲짱뚱어 서식처. 전라남도 신안군 갯벌

▲말뚝망둥어. 눈이 머리 위로 튀어나와 있고 눈꺼풀을 움직여 떴다 감았다 한다.

말뚝망둥어

Dusky mud hopper

Periophthalmus modestus

생활 : 갯벌 위
먹이 : 작은 갑각류, 규조류
국외 : 일본, 중국, 호주, 인도

몸은 길며 뒤쪽은 옆으로 납작하다. 눈은 돌출되어 있다. 첫 번째 등지느러미 바깥쪽은 둥글다. 몸통은 회갈색이며 뺨과 몸에는 반점이 있다. 갯벌에 구멍을 파고 산란하며 수컷이 알을 지킨다. 가슴지느러미를 앞발처럼 움직여 갯벌 위를 이동하고 높은 곳을 기어오르기도 한다.

길이(cm) 산란기간

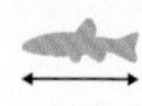

10 5~8월

▲피부로도 호흡하는 말뚝망둥어. 물 속보다는 갯벌에서 살 수 있도록 진화했다. 놀라면 꼬리지느러미로 반동을 주어 도약을 반복하면서 멀리 도망가거나 굴 안으로 들어가 숨는다.

▼▶가슴지느러미를 앞발처럼 사용해 주변의 큰 돌이나 나무기둥을 기어 오르기도 한다.

▲큰볏말뚝망둥어. 앞쪽의 등지느러미가 크다.

큰볏말뚝망둥어

Mud hopper

Periophthalmus magnuspinnatus

고유종

생활 : 갯벌 위
먹이 : 작은 갑각류, 규조류

몸은 길며 뒤쪽은 옆으로 납작하다. 눈은 돌출돼있다. 첫 번째 등지느러미는 크다. 몸통은 흑갈색이고 뺨과 몸에는 반점이 있다. 갯벌에 구멍을 파고 생활한다. 가슴지느러미와 꼬리지느러미를 이용해 갯벌을 기어다니거나 멀리 도약한다.

길이(cm) 산란기간

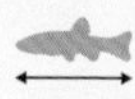

8~10 5~8월

▲개소겡. 조간대 웅덩이에 구멍을 파고 맨 아래쪽에 머문다.

개소겡

green eel goby

Odontamblyopus lacepedii

생활 : 조간대 웅덩이
먹이 : 작은 패류,
작은 물고기
국외 : 일본, 중국, 대만

길이(cm) 산란기간

35 6~9월

몸은 아주 길다. 이빨이 듬성하며 뾰족하다. 눈은 매우 작다. 등지느러미와 뒷지느러미는 꼬리지느러미와 연결되었다. 조간대 갯벌의 바닷물 웅덩이에 입구가 여러 개인 구멍을 파고 산다. 남해안 지역에서는 '대갱이'라고 부르며 식용으로 이용한다.

▲산란기의 버들붕어 수컷. 등지느러미가 길어져 꼬리지느러미를 넘어선다.

버들붕어

Round tailed paradise fish

Macropodus ocellatus

생활 : 하천의 상·중층
먹이 : 수서곤충
국외 : 일본, 중국

옆으로 매우 납작하다. 등지느러미, 뒷지느러미가 길다. 물이 고인 곳에 산다. 산란기에 수면 위에 거품으로 알집을 만든 수컷은 암컷을 데려와 복부를 휘감아 뒤집어 산란케 하고 알을 지킨다. 상새기관이 있어 수중에 산소가 부족해도 산다. 수컷들의 세력다툼이 심하다.

길이(cm)	산란기간	회유특성
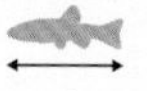		
7	6~7월	국지회유

▲버들붕어 암컷

▼수면에서 공기를 흡입하여 아가미 뒤의 상새기관으로 보내 산소를 흡수한다.

▲가물치. 육식성으로 물고기와 작은 동물을 잡아 먹는다.

가물치

Snake head

Channa argus

생활 : 하천의 상 · 중층
먹이 : 수서곤충, 물고기, 개구리
국외 : 일본, 중국

몸은 길고 머리는 위아래로 납작하다. 등지느러미와 뒷지느러미가 길다. 물이 정체된 곳의 수초지대에 산다. 산란기에 암수가 함께 수초를 물어다 수면위에 알집을 만들어 산란하고 함께 알을 지킨다. 새벽이나 비가 올 때 물 밖을 기어 다니기도 한다. 식용과 약용으로 쓰인다.

길이(cm)	산란기간	회유특성
50~80	5~8월	국지회유

▲상새기관으로 호흡하면서 비올 때 하천이나 호수가를 기어다니기도 한다.

▼먹이 활동을 하는 어린 가물치

복섬 서식지

복어목

참복과
복섬

▲복섬. 산란기가 아닌 때에도 강한 독을 지니고 있다.

복섬

Grass puffer

Takifugu niphobles

생활 : 하천의 중층
먹이 : 갑각류, 작은 물고기, 갯지렁이
국외 : 일본, 중국

몸은 원통형이다. 눈이 크고 눈동자는 붉은색이다. 등지느러미와 뒷지느러미는 몸의 뒤쪽에 있다. 기수역에 주로 살지만 담수역으로도 진출한다. 산란기에 자갈이 깔린 해변에서 만조 직전에 집단으로 산란한다. 내장과 살갗에 강한 독이 있다.

길이(cm)	산란기간	회유특성
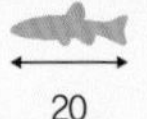		
20	5~7월	국지회유

부록

용어해설

(ㄱ)

감베타 반문(Gambetta's Zone, Fourth Gambetta's Pigmentaly Zone)
미꾸리과 기름종개속 어류의 몸통에 있는 4개의 무늬를 말하며 이를 비교하여 기름종개속 어류를 구분하기도 한다. 이태리의 어류학자 감베타가 고안하였으며 감베타 반문 또는 감베타 존이라 한다.

계류(溪流)
산골짜기의 빠른 속도로 흐르는 물.

고유종(固有種, endemic species)
특정 지역에만 한정되어 분포하는 생물종.

골질반(骨質盤, lamina circularis)
미꾸리과 물고기의 가슴지느러미 뿌리 부분에 있는 크고 넓은 뼈의 구조. 수컷에게 있으며 이 때문에 가슴지느러미의 2 번째 기조가 길어 수컷의 가슴지느러미는 길고 뾰족한 특징을 보인다. 어종마다 모양이 다르다.

교배종(交配種 , hybrid)
유전적 계통이 서로 다른 생물의 암수를 인공적으로 수정(受精)시켜 탄생한 종. 자연적인 교배종도 있다.

극조(棘條, spinous ray)
물고기의 지느러미 막을 지지하는 기조의 일종으로 가시처럼 끝이 뾰족하고 단단하며 마디가 없다.

기름지느러미(adipose fin)
등지느러미 뒤쪽 꼬리지느러미 가까이에 있으며 크기가 작고 지느러미살(기조)이 없는 지느러미. 바다빙어목이나 연어목의 물고기에 있다.

기수역(汽水域, estuary)
강물이 바다로 흘러들어갈 때 민물과 바닷물이 혼합되는 곳. 하구역(河口域)이라고도 한다. 육지로부터 유입되는 대량의 유기물이 가라앉아 다양한 생물이 서식한다.

기조(鰭條, fin ray)
물고기의 지느러미막을 지지하는 막대 모양의 골격구조. 중간에 마디가 없는 가시 형태의 극조와 마디가 있는 연조를 통틀어 말한다.

(ㄴ)

놀림낚시
은어의 텃세하는 습성을 이용해 다른 은어를 잡는 낚시 방법. 연결된 2개의 낚시 바늘을 사용하며 1개의 바늘을 은어의 코에 걸고 물 속에 넣으면 다른 은어가 이 은어를 공격하다가 나머지 1개의 바늘에 몸이 걸리도록 하는 낚시 방법.

(ㄷ)

담수(淡水, freshwater)
약간의 염분이 섞여 있는 육지의 물을 통틀어 가리키지만 염분이 없는 순수한 물과는 다르다.

담수어(淡水魚, freshwater fish)
담수 즉, 민물에 사는 민물고기를 뜻하지만 민물과 바닷물이 합쳐지는 기수역에 살거나, 민물과 바닷물을 왕래하거나, 바닷물에 살지만 잠시 민물이나 기수역에 나타나는 물고기를 모두 포함하여 부른다.

댐호
물길을 가로막아 축조한 댐 안쪽에 조성된 인공호수를 말한다.

돌기(突起, protuberance)
물체나 동식물의 몸체에 뾰족하게 튀어 나오거나 도드라진 부분.

(ㄹ)

렙토세팔루스(leptocephalus)
알에서 갓 깨어난 뱀장어의 어린 치어를 말한다. 잎새 모양으로 생겨 '버들잎뱀장어' 또는 '댓잎뱀장어'라고도 한다.

(ㅂ)

방류(放流, set free, release)
어린 물고기를 하천이나 호수 등에 놓아 보냄.

방정(放精)
물속 동물의 수컷이 수정을 위해 정자를 물 속에 방출하는 것.

백두대간(白頭大幹)
백두산에서 지리산까지 이어지는 한반도의 가장 크고 긴 산줄기. 백두산에서 시작되어 동쪽 해안선을 따라 남쪽으로 이어지다가 태백산 부근에서 서쪽으로 방향을 바꿔 남쪽 내륙의 지리산까지 이른다.

변태(變態, metamorphosis)
탈바꿈, 모양이 바뀌어 달라진 상태. 물고기 중 뱀장어의 경우 먼바다에서 부화한 후 해류를 따라 육지로 접근하는 동안에는 대나무 잎 같은 모습이나 하천에 다다르기 전에 가늘고 긴 실뱀장어로 모양을 바꾼다.

보호종(保護種, protected species)
극소수의 개체만이 남아 있어 멸종위기에 처해 졌거나 향후 멸종의 우려가 있다고 판단되어 특별한 보호가 필요한 생물의 종류.

부영양화(富營養化, eutrophication)
바다나 호수 등에 폐수나 가축의 배설물 등의 유기물질이 유입되어 질소와 인과 같은 영양물질이 증가하여 조류가 빠르게 늘어나는 현상.

부착조류(附着藻類, attached algae)
하천이나 호소, 해양 등에서 바위, 돌, 모래 등의 표면에 붙어 생활하는 조류.

부화(孵化, incubation)
동물의 새끼가 알 껍데기를 제치고 밖으로 나옴. 또는 그렇게 되게 함

(ㅅ)

산란관(産卵管, ovipositor)
물고기나 곤충의 암컷 배에 길게 나 있는 알을 낳기 위한 기관이다. 산란 형태에 따라 그 모양이 다르다. 납자루아과와 중고기 속 물고기의 암컷에 있다.

산란기(産卵期, breeding season)
생물이 알을 낳는 시기

상새기관(上鰓器官, labyrinthiform organ)
물고기가 물 밖에서 입으로 빨아들인 공기로 호흡하는 보조호흡기관이다. 아가미 위쪽에 위치하고 점막으로 덮인 골질(骨質)

의 엷은 판으로 되어 있으며 진피 속의 모세혈관으로 빨아들인 공기 중의 산소를 흡수한다. 버들붕어나 가물치 등이 이 기관을 갖고 있다.

석호(瀉湖, lagoon)
해안에 형성된 모래톱으로 바다와 격리된 호소(湖沼), 담수가 흘러들며 지하에선 해수가 솟는다.

섭식(攝食, athrocytosis)
음식물을 섭취함.

성어(成魚)
다 자라서 산란이 가능한 물고기.

생태계교란야생생물(生態系攪亂野生生物)
생태계의 질서를 해치거나, 해칠 우려가 있는 야생생물을 말한다. 생물다양성 보전 및 이용에 관한 법률에 의해 지정된 생태계 교란 야생생물 중 어류는 외래종인 블루길과 배스 2종이 지정되었다.

생활사(生活史, life cycle)
생물의 개체가 발생하여 죽을 때까지의 일련의 과정.

소(沼)
땅바닥이 우묵하게 파이고 늘 물이 고여 있는곳

수서곤충(水棲昆蟲, aquatic insect)
성충 또는 유충(幼蟲)등의 형태로 물속에 사는 곤충류.

(ㅇ)

아모코에테스(ammocoetes)
칠성장어과에 속하는 물고기의 유어를 말한다. 성어와 달리 머리는 작고 윗입술뿐이며, 이빨은 없고 눈은 열리지 않는다.

알비노(albino)
색소를 관장하는 유전자의 돌연변이로 인해 신체의 색소가 결핍되어 일어나는 백화현상. 물고기에 드물지 않게 나타나며 대부분 유전된다.

여울(rapids)
하천의 바닥이 경사지거나 혹은 얕거나 폭이 좁아 물살이 세게 흐르는 곳.

연안(沿岸, coast)
육지와 면한 바다 · 강 · 호수 등의 물가

연안류(沿岸流, longshore currents)
해안의 지형에 따라 나란히 흐르는 바닷물의 흐름. 해안에서 수십 km까지의 해역에서 볼 수 있다. 연안류는 해안선을 변화시키기도 한다.

연조(軟條, soft ray)
물고기의 지느러미 막을 지지하는 기조의 일종이며 부드러운 마디로 형성 되어있다. 끝이 갈라진 분지연조와 갈라지지 않은 불분지 연조가 있다.

옆줄(측선(側線), lateral line)
물고기의 몸통 양옆에 나있는 주요 감각기관. 감각세포가 연결되어 있어 유속과 수온, 수심, 진동, 압력 따위를 감지할 수 있다. 대개 아가미 뒤쪽에서 꼬리지느러미 앞까지 연결되어 있는데, 물고기에 따라 2줄 이상이거나 몸통의 중간에서 끝나거나 아예 없는 경우도 있다.

우점종(優占種)
일정한 범위 안의 생물 군집(群集) 가운데서 가장 많은 수를 이루는 종류를 이름.

유생(幼生, larva)
변태하는 동물의 어린 것을 통틀어 말한다. 물고기의 경우 알에서 깨어나 성체가 되는 과정에 있는 것으로 성체와 모양과 습성이 달라 별도의 명칭으로 불려진다. 장어류가 유생기를 거쳐 성어로 변태한다.

유어(幼魚)
알에서 갓 깨어난 어린 물고기.

육봉화(陸封化, land located form)
강(하천)과 바다 오가는 물고기가 일생을 민물에서만 지내도록 변화하는 것.

이식(移植, transplantation)
식물 또는 신체의 조직, 장기 등을 다른 장소나 타인에게 옮겨 자라게 하는 것을 말한다. 물고기를 원래 서식지로부터 분리하여 다른 곳으로 옮기는 행위에도 이 말을 쓴다.

(ㅈ)

정맥((正脈)
조선시대 우리 조상들이 인식하던 산맥의 체계. 한반도는 하나의 대간(大幹)과 하나의 정간(正幹), 그리고 13개의 정맥으로 나누어져 있다.

조간대(潮間帶, littoral zone)
밀물 때는 바닷물 속에 잠기고 썰물 때는 육지가 되는 곳으로 다양한 생물이 서식한다. 우리나라의 서해안의 조간대는 갯벌로 발달해 있다.

조류(藻類, algae)
원생생물계에 속하는 식물성 플랑크톤을 일컫는 말. 뿌리 · 줄기 · 잎 등이 구별되지 않으며 포자에 의해 번식한다. 수온이 높은 지역에는 대개 녹조류가 분포하고, 낮은 지역는 갈조류가 많이 보인다.

조수간만(潮水干滿, come and go of the tide)
간조(썰물)와 만조(밀물)를 일컫는 말. 썰물과 밀물의 높이 차이를 조수간만의 차이라고도 한다.

짝지느러미(paired fin)
가슴지느러미나 배지느러미 같이 양쪽 한 쌍으로 이루어진 지느러미를 말한다.

(ㅊ)

채란(採卵, egg taking)
새나 물고기 따위의 알을 인위적인 방법으로 암컷의 배에서 낳게 하여 받아 거둠.

체색(體色, body color)
동물의 몸에 나타나는 색채

추성(追星, nuptial tubercles)
물고기의 번식기(산란기)에 나타나는 성징. 잉어과 어류의 경우 대부분의 수컷에서 머리, 지느러미, 몸 등의 피부 표피가 두꺼워지며 사마귀 모양으로 돌출되어 나타난다.

치어(稚魚, young fish)
부화 후 후기 자어기 이후부터 성어와 체형이 같아지기 직전까지의 어린 물고기를 말한다. 치어 이전의 단계로 부화 직후 난황이 흡수될 때 까지 시기의 새끼를 전기 자어(pre larva)로 난황 흡수 직후부터 지느러미 기조 수가 성어와 같게 될 때 까지 시기의 새끼를 후기 자어(post larva)로 부른다.

(ㅌ)

탁란(託卵)
새가 다른 종(種)의 둥지에 몰래 알을 낳아 자신의 새끼를 대신 기르게 하는 습성을 말한다. 일부 물고기에게도 새처럼 탁란하는 습성이 있다.

탐식(貪食)
음식을 탐내거나 또는 탐내어 먹는 것을 말한다.

(ㅍ)
피막(皮膜, film)
껍질같이 얇은 피부의 막.

(ㅎ)
하구(河口, estuary)
강물이 바다로 흘러 들어가는 어귀. 하천의 가장 아랫 부분.

협곡(峽, canyon, gorge)
좁고 깊은 골짜기를 말한다.

흑색소포(黑色素胞, melanophores)
색소 세포의 한 가지. 동물의 표피에 분포하는 검은색 또는 갈색의 작은 멜라닌 알맹이로, 동물의 몸 색깔변화에 영향을 준다.

흡반 (吸盤, sucker)
(동물) 빨판. 다른 동물이나 물체에 달라붙기 위한 몸의 일부를 말한다. 물고기의 경우 주둥이나 가슴지느러미가 바뀌어 형성된다.

회귀(回歸, regression)
한번 돌고 다시 본래의 위치로 돌아오는 것. 연어나 송어는 태어난 하천에서 멀리 떠났다가 다시 제자리로 돌아온다.

한국산 담수어 목록 (17목 39과 214종)

고 대한민국 고유종, 멸종Ⅰ 멸종위기야생생물 Ⅰ 급, 멸종Ⅱ 멸종위기야생생물 Ⅱ 급,

천연 천연기념물, 외래 외래종

칠성장어목 Petromyzontiformes

칠성장어과 Petromyzontidae

1. 칠성장어

   Lethenteron japonicum (Martens, 1868) 멸종Ⅱ

2. 다묵장어

   Lethenteron reissneri (Dybowski, 1869) 멸종Ⅱ

3. 칠성말배꼽

   Lethenteron morii (Berg, 1931) 고

철갑상어목 Acipenseriformes

철갑상어과 Acipenseridae

4. 철갑상어

   Acipenser sinensis Gray, 1834

5. 칼상어

   Acipenser dabryanus Duméril, 1868

6. 용상어

   Acipenser medirostris Ayres, 1854

뱀장어목 Anguilliformes

뱀장어과 Anguillidae

7. 뱀장어

Anguilla japonica Temminck and Schlegel, 1846

8. 무태장어

Anguilla marmorata Quoy and Gaimard, 1824 천연 (서식지)-제주도 천지연 제27호

청어목 Clupeiformes

멸치과 Engraulidae

9. 웅어

Coilia nasus (Temminck and Schlegel, 1846)

10. 싱어

Coilia mystus (Linnaeus, 1758)

청어과 Clupeidae

11. 밴댕이

Sardinella zunasi (Bleeker, 1854)

12. 전어

Konosirus punctatus (Temminck and Schlegel, 1846)

잉어목 Cypriniformes

잉어과 Cyprinidae

잉어아과 Cyprininae

13. 잉어

Cyprinus carpio Linnaeus, 1758

14. 이스라엘잉어

Cyprinus carpio Linnaeus, 1758 외래

15. 붕어

Carassius auratus (Linnaeus, 1758)

16. 떡붕어

Carassius cuvieri Temminck and Schlegel, 1846 외래

17. 초어

Ctenopharyngodon idellus (Cuvier and Valenciennes, 1844) 외래

납자루아과 Acheilognathinae

18. 흰줄납줄개

Rhodeus ocellatus (Kner, 1867)

19. 한강납줄개

Rhodeus pseudosericeus Arai, Jeon and Ueda, 2001 고, 멸종 II

20. 각시붕어

Rhodeus uyekii (Mori, 1935) 고

21. 떡납줄갱이

Rhodeus notatus Nichols, 1929

22. 서호납줄갱이

Rhodeus hondae (Jordan and Metz, 1913) 고

23. 납자루

Acheilognathus lanceolatus (Temminck and Schlegel, 1846)

24. 묵납자루

Acheilognathus signifer Berg, 1907 고, 멸종 II

25. 칼납자루

Acheilognathus koreensis Kim and Kim, 1990 고

26. 임실납자루

Acheilognathus somjinensis Kim and Kim, 1991 고, 멸종 I

27. 줄납자루

Acheilognathus yamatsutae Mori, 1928 고

28. 큰줄납자루

Acheilognathus majusculus Kim and Yang, 1998 고

29. 납지리

Acheilognathus rhombeus (Temminck and Schlegel, 1846)

30. 큰납지리

Acanthorhodeus macropterus Bleeker, 1871

31. 가시납지리

Acanthorhodeus gracilis Regan, 1908 고

모래무지아과 Gobioninae

32. 참붕어

Pseudorasbora parva (Temminck and Schlegel, 1846)

33. 돌고기

Pungtungia herzi Herzenstein, 1892

34. 감돌고기

Pseudopungtungia nigra Mori, 1935 고, 멸종 I

35. 가는돌고기

Pseudopungtungia tenuicorpa Jeon and Choi, 1980 고, 멸종 II

36. 쉬리

Coreoleuciscus splendidus Mori, 1935 고

37. 새미

Ladislabia taczanowskii Dybowski, 1869

38. 참중고기

Sarcocheilichthys variegatus wakiyae Mori, 1927 고

39. 중고기

Sarcocheilichthys nigripinnis morii Jordan and Hubbs, 1925 고

40. 북방중고기

Sarcocheilichthys nigripinnis czerskii (Berg, 1914)

41. 줄몰개

Gnathopogon strigatus (Regan, 1908)

42. 긴몰개

Squalidus gracilis majimae (Jordan and Hubbs, 1925) 고

43. 몰개

Squalidus japonicus coreanus (Berg, 1906) 고

44. 참몰개

Squalidus chankaensis tsuchigae (Jordan and Hubbs, 1925) 고

45. 점몰개

Squalidus multimaculatus Hosoya and Jeon, 1984 고

46. 모샘치

Gobio cynocephalus Dybowski, 1869

47. 케톱치

Coreius heterodon (Bleeker, 1864)

48. 누치

Hemibarbus labeo (Pallas, 1707)

49. 참마자

Hemibarbus longirostris (Regan, 1908)

50. 어름치

Hemibarbus mylodon (Berg, 1907) 고, 천연 금강의 어름치-제238호, 전국의 어름치-제259호

51. 모래무지

Pseudogobio esocinus (Temminck and Schlegel, 1846)

52. 버들매치

Abbottina rivularis (Basilewsky, 1855)

53. 왜매치

Abbottina springeri Banarescu and Nalbant, 1973 고

54. 꾸구리

Gobiobotia macrocephala Mori, 1935 고, 멸종Ⅱ

55. 돌상어

Gobiobotia brevibarba Mori, 1935 고, 멸종Ⅱ

56. 흰수마자

Gobiobotia nakdongensis Mori, 1935 고, 멸종Ⅰ

57. 압록자그사니

Mesogobio lachneri Banarescu and Nalbant, 1973 고

58. 두만강자그사니

Mesogobio tumensis Chang, 1979 고

59. 모래주사

Microphysogobio koreensis Mori, 1935 고, 멸종Ⅱ

60. 돌마자

Microphysogobio yaluensis (Mori, 1928) 고

61. 여울마자

Microphysogobio rapidus Chae and Yang, 1999 고, 멸종Ⅰ

62. 됭경모치

Microphysogobio jeoni Kim and Yang, 1999 고

63. 배가사리

Microphysogobio longidorsalis Mori, 1935 고

64. 두우쟁이

Saurogobio dabryi Bleeker, 1871

황어아과 Leuciscinae

65. 백련어

Hypophthalmichthys molitrix (Cuvier and Valenciennes, 1844) 외래

66. 대두어

Aristichthys nobilis (Richardson, 1844) 외래

67. 야레

Leuciscus waleckii (Dybowski, 1869)

68. 황어

Tribolodon hakonensis (Günther, 1880)

69. 대황어

Tribolodon brandtii (Dybowski, 1872)

70. 연준모치

Phoxinus phoxinus (Linnaeus, 1758)

71. 버들치

Rhynchocypris oxycephalus (Sauvage and Dabry, 1874)

72. 버들개

Rhynchocypris steindachneri (Sauvage, 1883)

73. 동버들개

Rhynchocypris percnurus (Pallas, 1811)

74. 금강모치

Rhynchocypris kumgangensis (Kim, 1980) 고

75. 버들가지

Rhynchocypris semotilus (Jordan and Starks, 1905) 고, 멸종Ⅱ

피라미아과 Danioninae (= Rasborinae)

76. 왜몰개

Aphyocypris chinensis Günther, 1868

77. 갈겨니

Zacco temminckii (Temminck and Schlegel, 1846)

78. 참갈겨니

Zacco koreanus Kim, Oh and Hosoya, 2005 고

79. 피라미

Zacco platypus (Temminck and Schlegel, 1902)

80. 끄리

Opsariichthys uncirostris amurensis Berg, 1940

81. 눈불개

Squaliobarbus curriculus (Richardson, 1846)

강준치아과 Cultrinae

82. 강준치

Erythroculter erythropterus (Basilewsky, 1855)

83. 백조어

Culter brevicauda Günther, 1868 멸종Ⅱ

84. 치리

Hemiculter eigenmanni (Jordan and Metz, 1913) 고

85. 살치

Hemiculter leucisculus (Basilewsky, 1855)

종개과 Balitoridae

86. 대륙종개

Orthrias nudus (Bleeker, 1865)

87. 종개

Orthrias toni (Dybowski, 1869)

88. 쌀미꾸리

Lefua costata (Kessler, 1876)

미꾸리과 Cobitidae

89. 미꾸리

Misgurnus anguillicaudatus (Cantor, 1842)

90. 미꾸라지

Misgurnus mizolepis Günther, 1888

91. 참종개

Iksookimia koreensis (Kim, 1975) 고

92. 부안종개

Iksookimia pumila (Kim and Lee, 1987) 고, 멸종 II

93. 미호종개

Iksookimia choii (Kim and Son, 1984) 고, 멸종 I, 천연 제454호, (서식지) 부여·청양 지천 제533호

94. 왕종개

Iksookimia longicorpa (Kim, Choi and Nalbant, 1976) 고

95. 남방종개

Iksookimia hugowolfeldi Nalbant, 1993 고

96. 동방종개

Iksookimia yongdokensis Kim and Park, 1977 고

97. 새코미꾸리

Koreocobitis rotundicaudata (Wakiya and Mori, 1929) 고

98. 얼룩새코미꾸리

Koreocobitis naktongensis (Kim, Park and Nalbant, 2000) 고, 멸종Ⅰ

99. 기름종개

Cobitis hankugensis Kim, Park, Son and Nalbant, 2003 고

100. 점줄종개

Cobitis lutheri Rendahl, 1935

101. 줄종개

Cobitis tetralineata Kim, Park and Nalbant, 1999 고

102. 북방종개

Cobitis pacifica Kim, Park and Nalbant, 1999 고

103. 수수미꾸리

Niwaella multifasciata (Wakiya and Mori, 1929) 고

104. 좀수수치

Kichulchoia brevifasciata (Kim and Lee, 1996) 고, 멸종Ⅱ

메기목 Siluriformes

찬넬동자개과 Siluridae

105. 챤넬동자개

Ictalurus punctatus (Rafinesque, 1818) 외래

메기과 Siluridae

106. 메기

Silurus asotus Linnaeus, 1758

107. 미유기

Silurus microdorsalis (Mori, 1936) 고

동자개과 Bagridae

108. 동자개

Pseudobagrus fulvidraco (Richardson, 1846)

109. 눈동자개

Pseudobagrus koreanus Uchida, 1990 고

110. 꼬치동자개

Pseudobagrus brevicorpus (Mori, 1936) 고, 멸종 I, 천연 제455호

111. 대농갱이

Leiocassis ussuriensis (Dybowski, 1871)

112. 밀자개

Leiocassis nitidus (Sauvage and Thiersant, 1874)

113. 종어

Leiocassis longirostris Günther, 1864

퉁가리과 Amblycipitidae

114. 자가사리

Liobagrus mediadiposalis Mori, 1936 고

115. 퉁가리

Liobagrus andersoni Regan, 1908 고

116. 퉁사리

Liobagrus obesus Son, Kim and Choo, 1987 고, 멸종I

117. 섬진강자가사리

Liobagrus somjinensis Park and Kim, 2010 고

바다빙어목 Osmeriformes

바다빙어과 Osmeridae

118. 빙어

Hypomesus nipponensis McAllister, 1963

119. 은어

Plecoglossus altivelis altivelis Temminck and Schlegel, 1846

뱅어과 Salangidae

120. 국수뱅어

Salanx ariakensis Kishinouye, 1902

121. 벚꽃뱅어

Hemisalanx prognathus Regan, 1908

122. 도화뱅어

Neosalanx andersoni (Rendahl, 1923)

123. 젓뱅어

Neosalanx jordani Wakiya and Takahashi, 1937 고

124. 실뱅어

Neosalanx hubbsi Wakiya and Takahashi, 1937

125. 붕퉁뱅어

Protosalanx chinensis (Basilewsky, 1855)

126. 뱅어

Salangichthys microdon Bleeker, 1860

연어목 Salmoniformes

연어과 Salmonidae

127. 사루기

Thymallus articus jaluensis Mori, 1928 고

128. 열목어

Brachymystax lenok tsinlingensis Li, 1966 멸종Ⅱ, 천연 (서식지)-정암사 제73호, 봉화 제74호

129. 연어

Oncorhynchus keta (Walbaum, 1792)

130. 곱사연어

Oncorhynchus gorbuscha (Walbaum, 1792)

131. 산천어(육봉형), 송어(강해형)

Oncorhynchus masou masou (Brevoort, 1856)

132. 은연어

Onchorhynchus kisutch (Walbaum. 1792) 외래

133. 무지개송어

Onchorhynchus myskiss (Walbaum, 1792) 외래

134. 자치

Hucho ishikawai Mori, 1928 고

135. 홍송어

Salvelinus leucomaenis leucomaenis (Pallas, 1811)

136. 곤들매기

Salvelinus malmus (Walbaum, 1792)

대구목 Gardiformes

대구과 Gadidae

137. 모오캐

Lota lota (Linnaeus, 1758)

숭어목 Mugiliformes

숭어과 Mugilidae

138. 숭어

Mugil cephalus Linnaeus, 1758

139. 등줄숭어

Chelon affinis (Günther, 1861)

140. 가숭어

Chelon haematocheilus (Temminck and Schlegel, 1845)

동갈치목 Beloniformes

송사리과 Adrianichthyoidae

141. 송사리

Oryzias latipes (Temminck and Schlegel, 1846)

142. 대륙송사리

Oryzias sinensis Chen, Uwa and Chu, 1989

학공치과 Hemiramphidae

143. 줄공치

Hyporhamphus intermedius (Cantor, 1842)

144. 학공치

Hyporhamphus sajori (Temminck and Schlegel, 1845)

큰가시고기목 Gasterosteiformes

큰가시고기과 Gasterosteidae

145. 큰가시고기

Gasterosteus aculeatus (Linnaeus, 1758)

146. 가시고기

Pungitius sinensis (Guichenot, 1869) 멸종 II

147. 두만가시고기

Pungitius tymensis (Nikolsky, 1889)

148. 청가시고기

Pungitius pungitius (Linnaeus, 1758)

149. 잔가시고기

Pungitius kaibarae Tanaka, 1915

실고기과 Syngnathidae

150. 실고기

Syngnathus schlegeli Kaup, 1856

드렁허리목 Synbranchiformes

드렁허리과 Synbranchidae

151.드렁허리

Monopterus albus (Zuiew, 1793)

쏨뱅이목 Scorpaeniformes

양볼락과 Scorpaenidae

152. 조피볼락

Sebastes schlegeli Hilgendorf, 1880

양태과 Platycephalidae

153. 양태

Platycephalus indicus (Linnaeus, 1758)

둑중개과 Cottidae

154. 둑중개

Cottus koreanus Fujii, Yabe and Choi, 2005 고

155. 한둑중개

Cottus hangiongensis Mori, 1930 멸종Ⅱ

156. 참둑중개

Cottus czerskii Berg, 1913

157. 개구리꺽정이

Myxocephalus stelleri Tilesius, 1811

158. 꺽정이

Trachidermus fasciatus Heckel, 1837

농어목 Perciformes

농어과 Moronidae

159. 농어

Lateolabrax japonicus (Cuvier, 1828)

꺽지과 Centropomidae

160. 쏘가리

Siniperca scherzeri STEINDACHNER, 1892

황쏘가리

Siniperca scherzeri STEINDACHNER, 1892 천연 한강 황쏘가리 제190호, (서식지)화천 황쏘가리 서식지 제532호

161. 꺽저기

Coreoperca kawamebari (Temminck and Schlegel, 1842) 멸종 II

162. 꺽지

Coreoperca herzi Herzenstein, 1896 고

검정우럭과 Centrachidae

163. 블루길

Lepomis macrochirus Rafinesque, 1819 외래

164. 배스

Micropterus salmoides (Lacepéde, 1802) 외래

시클리과 Cichlidae

165. 나일틸라피아

Oreochromis niloticus (Linnaeus, 1758) 외래

주둥치과 Leiognathidae

166. 주둥치

Leiognathus nuchalis (Temminck and Schlegel, 1845)

돛양태과 Callionymidae

167. 강주걱양태

Repomucenus olidus (Günther, 1873)

구굴무치과 Eleotridae

168. 구굴무치

Eleotris oxycephala Temminck and Schlegel, 1845

동사리과 Odontobutidae

169. 동사리

Odontobutis platycephala Iwata and Jeon, 1985 고

170. 얼룩동사리

Odontobutis interrupta Iwata and Jeon, 1985 고

171. 남방동사리

Odontobutis obscura (Temminck and Schlegel, 1845) 멸종 I

172. 좀구굴치

Micropercops swinhonis (Günther, 1873)

망둑어과 Gobiidae

173. 날망둑

Gymnogobius castaneus (O'shaughnessy, 1875)

174. 꾹저구

Gymnogobius urotaenia (Hilgendorf, 1879)

175. 왜꾹저구

Gymnogobius macrognathus (Bleeker, 1860)

176. 문절망둑

Acanthogobius flavimanus (Temminck and Schlegel, 1845)

177. 왜풀망둑

Acanthogobius elongatus (Ni and Wu, 1985)

178. 흰발망둑

Acanthogobius lactipes (Hilgendorf, 1879)

179. 비늘흰발망둑

Acanthogobius luridus NI and WU, 1985

180. 풀망둑

Synechogobius hasta Temminck and Schlegel, 1845

181. 열동갈문절

Sicyopterus japonicus (Tanaka, 1909)

182. 애기망둑

Pseudogobius masago (Tomiyama, 1936)

183. 무늬망둑

Bathygobius fuscus (Rüppel, 1830)

184. 갈문망둑

Rhinogobius giurinus (Rutter, 1897)

185. 밀어

Rhinogobius brunneus (Temminck and Schlegel, 1845)

186. 민물두줄망둑

Tridentiger bifasciatus Steindachner, 1881

187. 황줄망둑

Tridentiger nudicervicus Tomiyama, 1934

188. 검정망둑

Tridentiger obscurus (Temminck and Schlegel, 1845)

189. 민물검정망둑

Tridentiger brevispinis Katsuyama, Arai and Nakamura, 1972

190. 줄망둑

Acentrogobius pflaumi (Bleeker, 1853)

191. 점줄망둑

Acentrogobius pellidebilis Lee and Kim, 1992 고

192. 날개망둑

Favonigobius gymnauchen (Bleeker, 1860)

193. 모치망둑

Mugilogobius abei (Jordan and Snyder, 1901)

194. 제주모치망둑

Mugilogobius fontinalis (Jordan and Seale, 1906)

195. 꼬마청황

Parioglossus dotui Tomiyama, 1958

196. 짱뚱어

Boleophthalmus pectinirostris (Linnaeus, 1758)

197. 말뚝망둥어

Periophthalmus modestus Cantor, 1842

198. 큰볏말뚝망둥어

Periophthalmus magnuspinnatus Lee, Choi and Ryu, 1995 고

199. 미끈망둑

Luciogobius guttatus Gill, 1859

200. 사백어

Leucopsarion petersi Hilgendorf, 1880

201. 빨갱이

Ctenotrypauchen microcephalus Bleeker, 1860

202. 개소겡

Odontamblyopus lacepedii (Temminck and Schlegel, 1845)

버들붕어과 Belontiidae

203. 버들붕어

Macropodus ocellatus Cantor, 1842

가물치과 Channidae

204. 가물치

Channa argus (Cantor, 1842)

가자미목 Pleuronectiformes

가자미과 Pleuronectidae

205. 돌가자미

Kareius bicoloratus (Basilewsky, 1855)

206. 강도다리

Platichthys stellatus (Pallas, 1788)

207. 도다리

Pleuronichthys cornutus (Temminck and Schlegel, 1846)

참서대과 Cynoglossidae

208. 박대

Cynoglossus semilaevis Günther, 1873

복어목 Tetraodontiformes

참복과 Tetraodontidae

209. 까치복

Takifugu xanthopterus (Temminck and Schlegel, 1850)

210. 매리복

Takifugu vermicularis (Temminck and Schlegel, 1850)

211. 복섬

Takifugu niphobles (Jordan and Snyder, 1901)

212. 흰점복

Takifugu poecilonotus (Temminck and Schlegel, 1850)

213. 황복

Takifugu obscurus (Abe, 1949)

214. 자주복

Takifugu rubripes (Temminck and Schlegel, 1850)

이름으로 찾아보기

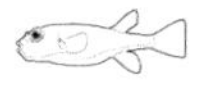

노세윤

담수어 생태 사진작가이다. 1991년부터 우리나라 담수어에 관심을 갖고
현재까지 전국을 누비며 민물고기의 생태를 사진으로 담아내고 있다.
현재 한국민물고기보존협회 이사이자, 한국산 담수어 콘텐츠개발 전문사인
네이처코리아(www.naturekorea.kr)의 대표이다.
개인적으로 2007년부터 민물고기 갤러리 및 홍보 웹사이트 '미스터반두'(www.mrbandoo.co.kr)를
운영하면서 담수어 홍보 및 보호에 열정를 쏟고 있으며 어류 모니터링, 자문 등의 활동을 하고 있다.
저서로는 2006년 과학기술부 선정 우수과학도서와 2006년 환경부 선정 우수환경도서인 《특징으로
보는 한반도 민물고기》, 《민물고기 쉽게 찾기》, 《안양천의 민물고기》 등이 있다.

손바닥 민물고기 도감

초판 1쇄 발행 2014년 3월 31일

글 · 사진 노세윤

펴낸곳 도서출판 이비컴
펴낸이 강기원

편　집 김광택
표　지 전다미
마케팅 김동중, 박선왜

주　　소 (130-811) 서울 동대문구 신설동 96-24 세원빌딩 402호
대표전화 (02)2254-0658 팩스 (02)2254-0634
전자우편 bookbee@naver.com

등록번호 제6-0596호(2002.4.9)
ISBN 978-89-6245-099-6 96490

• 이 도서의 국립중앙도서관 출판시도서목록(CIP)은 서지정보유통지원시스템 홈페이지(http://seoji.nl.go.kr)와 국가자료공동목록시스템(http://www.nl.go.kr/kolisnet)에서 이용하실 수 있습니다.(CIP제어번호: CIP2014009497)